农宅砌体结构抗震加固构造图集

住房和城乡建设部科技发展促进中心
北京筑福国际工程技术有限责任公司
北京市地震局震害防御与工程地震研究所　编著
北京筑福建筑事务有限责任公司
中震（北京）工程检测有限公司

中国建筑工业出版社

图书在版编目（CIP）数据

农宅砌体结构抗震加固构造图集/住房和城乡建设部
科技发展促进中心等编著. —北京：中国建筑工业出
版社，2015.7（2024.7重印）
ISBN 978-7-112-18141-4

Ⅰ.①农…　Ⅱ.①住…　Ⅲ.①农村住宅-砌体结
构-抗震结构-加固-图集　Ⅳ.①TU241.4

中国版本图书馆 CIP 数据核字（2015）第 104662 号

责任编辑：郑淮兵　王晓迪
责任校对：李美娜　关　健

农宅砌体结构抗震加固构造图集
住房和城乡建设部科技发展促进中心
北京筑福国际工程技术有限责任公司
北京市地震局震害防御与工程地震研究所　编著
北京筑福建筑事务有限责任公司
中震（北京）工程检测有限公司
＊
中国建筑工业出版社出版、发行（北京西郊百万庄）
各地新华书店、建筑书店经销
霸州市顺浩图文科技发展有限公司制版
建工社（河北）印刷有限公司印刷
＊
开本：787×1092 毫米　横 1/16　印张：8½　字数：112 千字
2015 年 8 月第一版　　2024 年 7 月第三次印刷
定价：**28.00** 元
ISBN 978-7-112-18141-4
　　　　（27287）

编　委　会

主任委员：董　有　许利峰

编委会委员：吴保光　程子韬　杨　涛　韩　兮

梁淮南　王　飞　鞠树森　佟喜宇

甄进平　杨黎明　潘沂华

编制单位：住房和城乡建设部科技发展促进中心

北京筑福国际工程技术有限责任公司

北京筑福建筑事务有限责任公司

北京市地震局震害防御与工程地震研究所

中震（北京）工程检测有限公司

审查专家：徐福泉　柴　杰　高建民　向祖成

龙高荣　邓祥发　刘恒祥

前　言

我国是个地震多发的国家，无论从有史可查的记载，还是从近代的统计来看，我国都是世界上发生地震灾害较多的国家，每次大的地震都给人们的生产和生活造成巨大的伤害，其原因除了地震的震级较大外，还有一个重要的原因就是我国房屋的抗震能力较差。如1976年7月28日的唐山大地震，震级7.8级，死亡24.2万人，伤16.4万人，是近代世界史上地震中伤亡最多的一次。2008年的汶川地震和2010年的玉树地震，大量的农村住宅建筑倒塌，其中单层住宅倒塌得尤为严重。究其原因就是农村的建筑在建造时基本上没有采取抗震措施，除抗震承载力不足外，其延性较差，不能抵抗较大的地震，所以地震到来时就会房倒屋塌，给人民群众带来较大的人身伤害和财产损失。

随着社会的进步、经济的发展和人民生活水平的不断提高，人们对建筑的安全问题更加重视，在地震烈度较高的地区，建筑的抗震性能更是备受关注的重要问题。几十年来，国家针对新建建筑和既有建筑建立了规范体系，且不断完善更新，对应各种规范也出版了相关的图集。但这些图集主要是针对城市中正规建设条件编制并得以推行，而广泛存在于农村地区的居民自建房往往无专业人员设计，也少有建设方面有针对性的指导性图集可用，尤其对于既有农村住宅的抗震加固方面指导性图集还是空白，在这个前提下我们编制了本图集。在以往的工作过程中，我们对农村住宅现状进行了大量的调查和分析，发现农村住宅普遍存在问题，首先是结构体系不合理，无抗震构造措施或措施不足，主要表现在砌体墙与木柱混合承重，刚度分布不均匀，特别是前墙，基本上都是门窗，很少有抗侧力构件；其次是材料强度不足，主要是砖和砂浆的质量都非常差，特别是砂浆，有些甚至用的泥浆，起不到抵抗水平力的作用，更有甚者有些房屋墙体块材就是土坯。针对这种现状，我们编制了这本《农宅砌体结构抗震加固构造图集》，用以指导农村居民对自建房进行抗震加固。这本图集将农村住宅中普遍存在的主要问题进行了归类，分别给出了加固方法。

在编制过程中我们对每种加固方法都进行了认真的研究和精心的设计，设计时本着节省投资、施工方法简便易行的原则进行，力争对农村住宅的抗震加固起到指导作用，使按照图集进行加固的房屋在遇到地震时，可以做到"小震不坏，中震可修，大震不倒"，最大限度地减少人民的生命财产损失。

图集在编制过程中，业内专家进行了细致的审查并提出了指导意见，在此表示感谢。

目　录

五、门窗洞口加固

六、基础加固

一、概　　览

总 说 明

1. 编制依据

《建筑工程抗震设防分类标准》 GB 50223—2008

《建筑抗震设计规范》 GB 50011—2010

《建筑结构可靠度设计统一标准》 GB 50068—2001

《砌体结构设计规范》 GB 50003—2011

《建筑结构荷载规范》 GB 50009—2012

《混凝土结构设计规范》 GB 50010—2010

《建筑抗震鉴定标准》 GB 50023—2009

《砌体结构加固设计规范》 GB 50702—2011

《混凝土结构加固设计规范》 GB 50367—2013

《建筑抗震加固技术规程》 JGJ 116—2009

《钢结构设计规范》 GB 50017—2003

《建筑钢结构焊接技术规程》 JGJ 81—2002

《既有村镇住宅建筑抗震鉴定和加固技术规程》CECS 325：2012

《北京市既有农村住宅建筑（平房）综合改造实施技术导则》

2. 适用范围

2.1 本图集仅适用于北方地区农村单层砌体结构住宅抗震加固。

2.2 本图集供既有建筑抗震加固改造工程的设计人员、鉴定人员、房屋业主和施工人员等使用。

2.3 加固前宜对房屋进行结构鉴定，当根据鉴定结论确定需要加固时采用相应的加固方法进行加固。

3. 主要内容

本图集主要介绍以下加固方法：

3.1 墙体增加配筋砂浆带加固。

3.2 墙体（柱）增加配筋砂浆面层加固。

3.3 木屋架加固。

3.4 装配式屋盖叠合层（角钢）加固。

3.5 外加构造柱圈梁加固。

3.6 增砌砖墙加固。

3.7 门窗加钢筋混凝土框加固。

3.8 门窗加钢框加固。

3.9 柱加固。

4. 农宅加固设计使用年限

农宅加固后的使用年限宜按 30 年考虑，且不得少于 30 年。

5. 加固材料要求

5.1 水泥

5.1.1 加固用的水泥，应采用强度等级不低于 32.5 级的硅酸盐水泥和普通硅酸盐水泥；也可采用矿渣硅酸盐水泥或火山灰质硅酸盐水泥，但其强度等级不应低于 42.5 级。

5.1.2 水泥的性能和质量应符合现行国家标准《通用硅酸盐水泥》GB 175 的有关规定。加固工程中，严禁使用过期水泥、受潮水泥、品种混杂的水泥及无出厂合格证和未经进场检验或进场检验不合格的水泥。

5.2 混凝土

结构加固用的混凝土，其强度等级不得低于 C20 级。

5.3 钢材与焊接材料

5.3.1 钢筋：Φ—HPB300 级热轧钢筋，$f_y = 270\text{N/mm}^2$；

Φ—HRB335 级热轧钢筋，$f_y = 300\text{N/mm}^2$；

Φ—HRB400 级热轧钢筋，$f_y = 360\text{N/mm}^2$。

图名	总说明	页次	2

5.3.2 加固用的钢筋网，其质量应符合现行国家标准《钢筋混凝土用钢 第3部分：钢筋焊接网》GB 1499.3 的有关规定；其性能设计值应按现行行业标准《钢筋焊接网混凝土结构技术规程》JGJ 114 的有关规定采用。

5.3.3 钢板、型钢宜采用 Q235、Q345 级钢，钢材质量应符合现行国家标准《碳素结构钢》CB/T 700 和《低合金高强度结构钢》GB/T 1591 的规定。

5.3.4 钢材的抗拉强度、伸长率、屈服点和碳、硫、磷的极限含量应按现行国家标准《钢结构设计规范》GB 50017 的有关规定采用。

5.3.5 不得使用无出厂合格证、无标志和未经进场检验或经进场检验不合格的钢材。

5.3.6 焊条型号应与被焊接钢材的强度相适应。

5.3.7 手工焊接采用的焊条，应符合现行国家标准《碳钢焊条》GB/T 5117 和《低合金钢焊条》GB/T 5118 的有关规定。

5.3.8 焊接工艺应符合现行行业标准《钢筋焊接及验收规程》JGJ 18 或《建筑钢结构焊接技术规程》JGJ 81 的有关规定。

5.3.9 焊缝连接的设计原则及计算指标应符合现行国家标准《钢结构设计规范》GB 50017 的有关规定。

5.4 植筋胶：

加固中在砖墙内植筋锚，采用化学结构胶植筋，植筋胶为改性环氧树脂胶粘剂，植筋胶应由经过国家主管部门批准的检测鉴定部门进行安全性能和工艺性能鉴定，并出具鉴定报告，胶的性能指标应符合《工程结构加固材料安全性鉴定技术规范》GB 50728—2011 中关于以混凝土为基材锚固用胶的Ⅰ类B级胶鉴定标准。

5.5 其他加固材料可就地取材，但应符合相应的规范和标准。

6. 针对不同结构体系的加固措施

6.1 当农宅前纵墙洞口过大、窗间墙宽度过小或抗剪能力不足时的抗震加固，应根据房屋的具体情况与居民的要求采取增设钢筋混凝土窗框或钢窗框、加砌墙体、窗间墙和窗下墙加配筋砂浆面层等加固形式，提高其承载能力。

6.2 对于砖木结构体系，当为硬山搁檩（包括木屋架和传统木柁架体系及硬山搁檩屋顶）横墙间距较大、前纵墙刚度偏小、砌筑砂浆强度较低、前柱或窗间墙强度较弱、屋架与下部结构连接较差，结构无构造柱、无圈梁时，结构整体性差。应有选择地采用以

下加固措施：

6.2.1 应在屋檐下沿整个外墙增设圈梁，宜在外墙四角处增设构造柱或采用配筋砂浆带包角，以提高结构的整体性。

6.2.2 当山墙横墙间距超过 13m 时，宜设置抗震横墙，以增强房屋的横向抗震性能。

6.2.3 宜在门窗洞口增砌墙体或设置钢筋混凝土框、钢窗框加固前柱或窗间墙，以增加前纵墙刚度。

6.2.4 宜采用配筋砂浆面层加固墙体，提高墙体承载能力。

6.2.5 墙、柱与屋架连接薄弱处可采取增设拉杆、U 形扁铁等措施加强连接。

6.3 对砖混结构体系，当为预制屋面板，横墙间距较大、前纵墙刚度偏弱、承重墙体的砖和砂浆强度偏低、墙间无可靠连接、预制屋面板搭接长度不够或连接不可靠，结构无构造柱、无圈梁时，结构整体性差。应有选择地采用以下加固措施：

6.3.1 应在屋檐下沿整个外墙增设圈梁，宜在外墙四角处增设构造柱或采用配筋砂浆带包角，以提高结构的整体性。

6.3.2 宜设置抗震横墙，以增强房屋的横向抗震性能。

6.3.3 宜在门窗洞口两侧增砌墙体或设置钢筋混凝土框、钢窗框加固前柱或窗间墙，以增加前纵墙刚度。

6.3.4 宜采用配筋砂浆面层加固墙体，提高墙体承载能力。

6.3.5 宜采用现浇叠合层、新增圈梁、增设钢拉杆、设置角钢增加楼板搭接长度等方法，增强屋盖的整体性。

7. 加固施工要求

7.1 施工过程中应避免或减少损伤原结构。

7.2 施工中若发现原结构有严重缺陷时，应暂停施工，必要时立即采取临时安全措施，在会同设计人员采取有效措施处理后方可继续施工。

7.3 施工前应采取必要的安全措施防止施工中出现房屋倾斜、开裂或倒塌等情况。

8. 其他

8.1 本图集尺寸以毫米（mm）为单位。

8.2 图集索引方法详图号，见右图所示。

节点号

节点所在页次

| 图名 | 总说明 | 页次 | 3 |

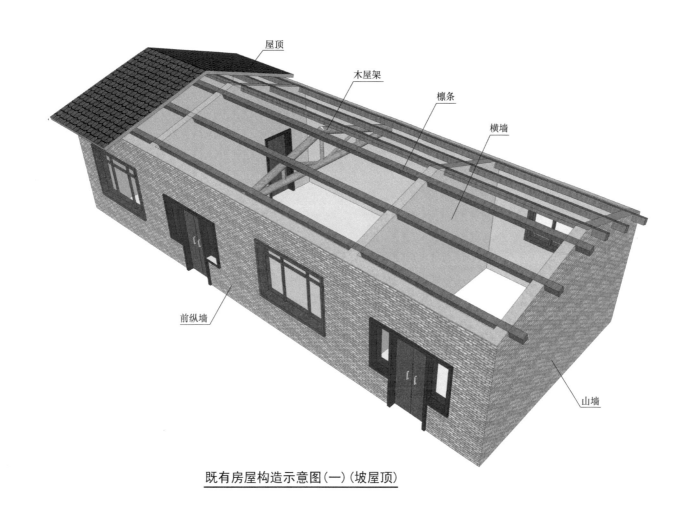

屋顶

木屋架

檩条

横墙

前纵墙

山墙

既有房屋构造示意图（一）（坡屋顶）

| 图名 | 既有房屋构造示意图（一）（坡屋顶） | 页次 | 4 |

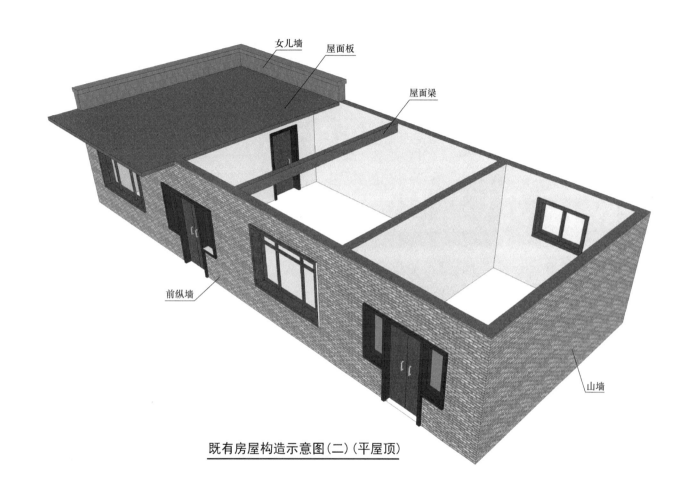

女儿墙　屋面板

屋面梁

前纵墙

山墙

既有房屋构造示意图(二)（平屋顶）

| 图名 | 既有房屋构造示意图（二）（平屋顶） | 页次 | 5 |

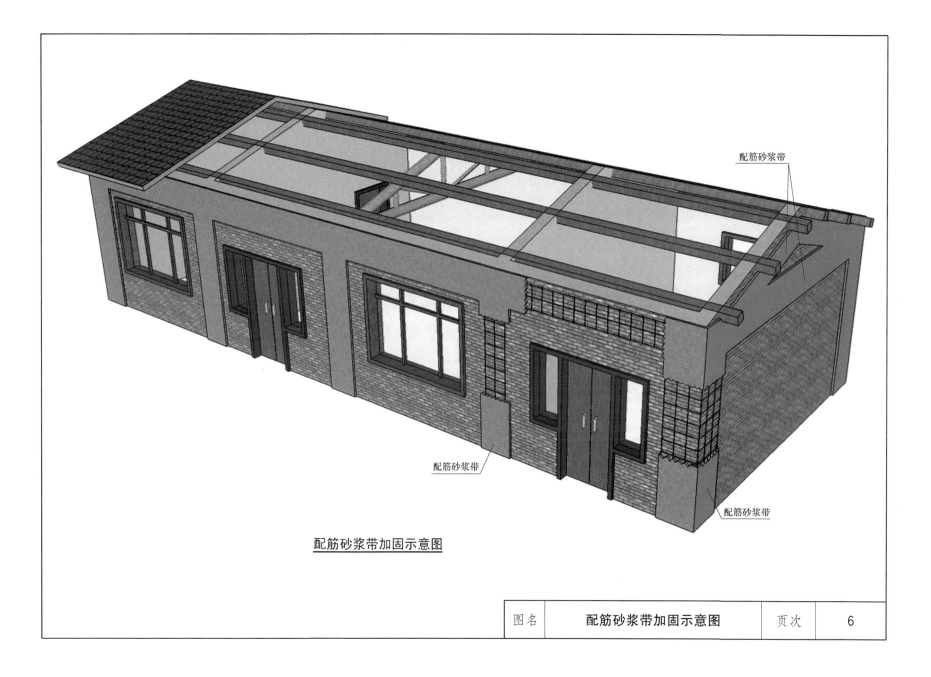

配筋砂浆带

配筋砂浆带

配筋砂浆带

配筋砂浆带加固示意图

| 图名 | 配筋砂浆带加固示意图 | 页次 | 6 |

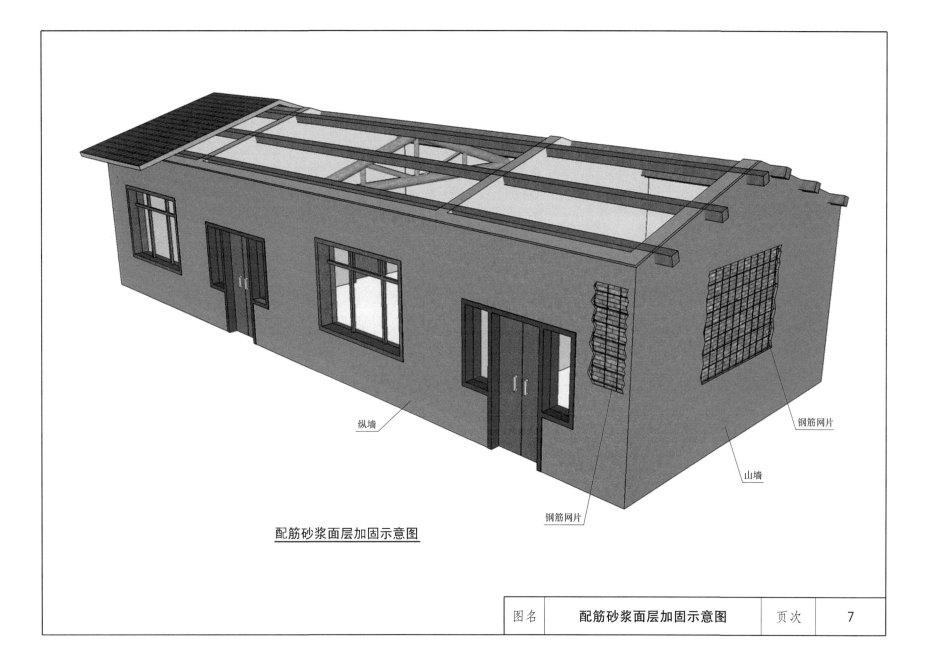

纵墙

钢筋网片

钢筋网片

山墙

配筋砂浆面层加固示意图

| 图名 | 配筋砂浆面层加固示意图 | 页次 | 7 |

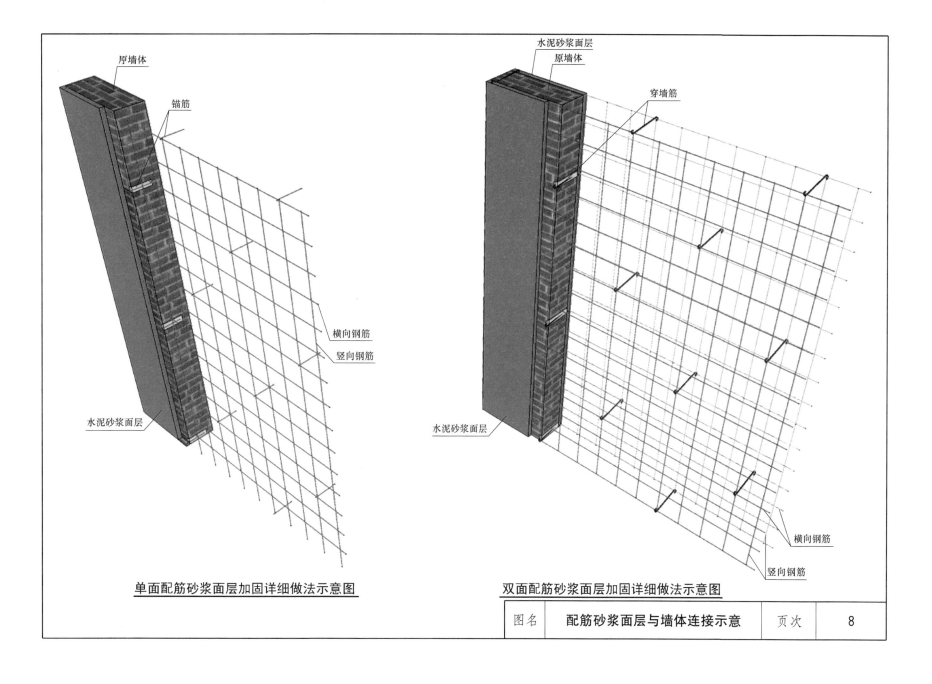

原墙体

锚筋

横向钢筋

竖向钢筋

水泥砂浆面层

单面配筋砂浆面层加固详细做法示意图

水泥砂浆面层
原墙体

穿墙筋

水泥砂浆面层

横向钢筋

竖向钢筋

双面配筋砂浆面层加固详细做法示意图

| 图名 | 配筋砂浆面层与墙体连接示意 | 页次 | 8 |

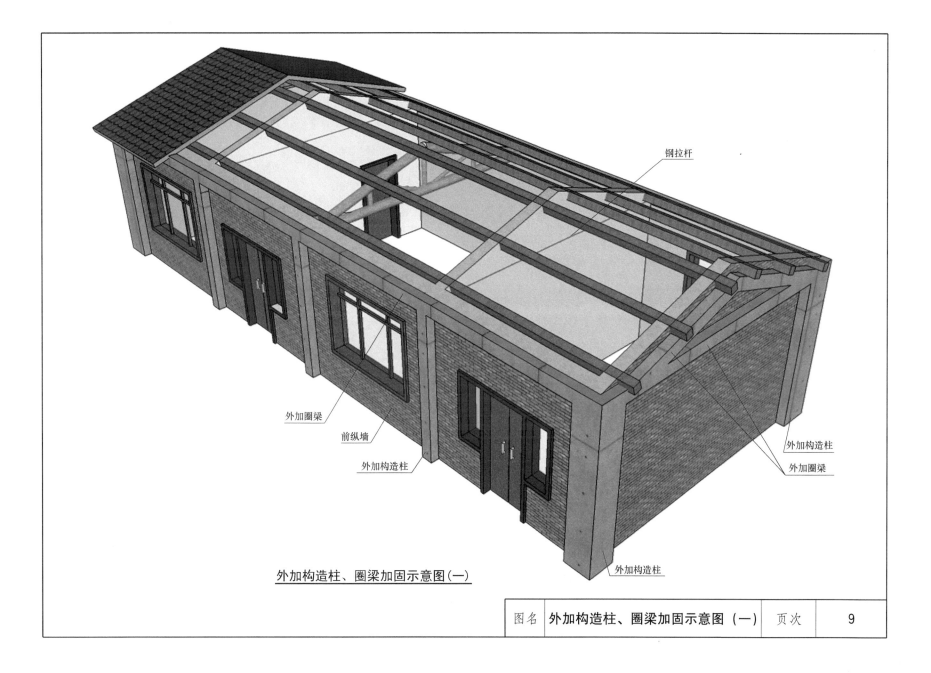

钢拉杆

外加圈梁

前纵墙

外加构造柱

外加构造柱

外加圈梁

外加构造柱

外加构造柱、圈梁加固示意图（一）

| 图名 | 外加构造柱、圈梁加固示意图（一） | 页次 | 9 |

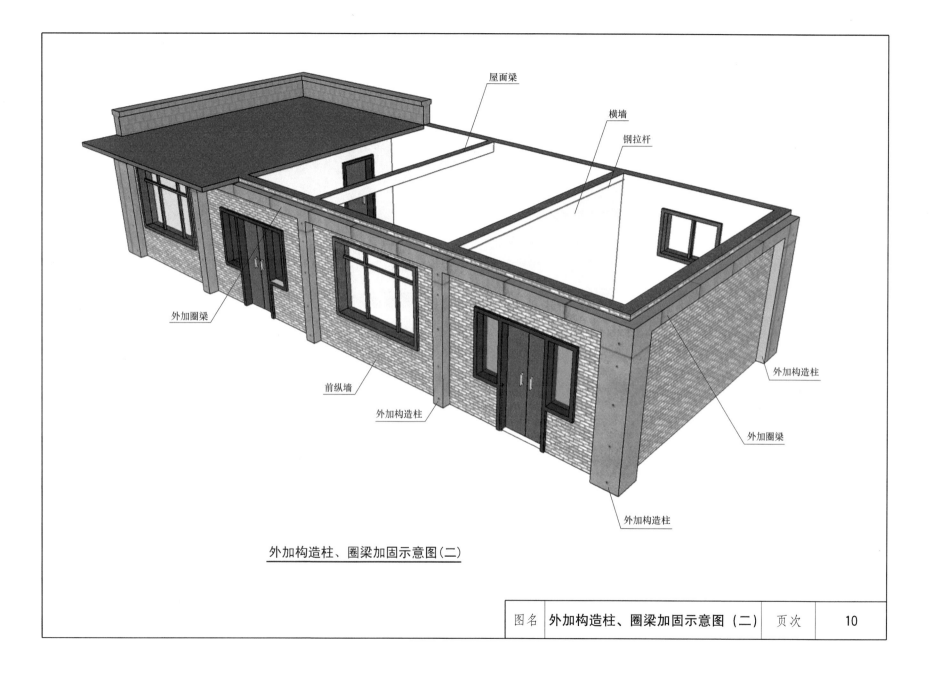

屋面梁

横墙

钢拉杆

外加圈梁

前纵墙

外加构造柱

外加构造柱

外加圈梁

外加构造柱

外加构造柱

外加构造柱、圈梁加固示意图（二）

图名	外加构造柱、圈梁加固示意图（二）	页次	10

二、墙体加固

墙体加固说明

1. 墙体加固

1.1 墙体加固主要有配筋砂浆带加固、配筋砂浆面层加固。

1.2 当前檐高度不大于 3.6m 或前纵墙长度不大于 13m、端墙和窗间墙的宽度不小于 1.2m，应采用以下方法加固：

1.2.1 当砂浆强度低于 M1.0 或用泥浆砌筑时，根据情况可分别采用配筋砂浆带、配筋砂浆面层加固墙体。

1.2.2 当采用配筋砂浆面层加固山墙时，加固砂浆面层至山墙与后纵墙交接处时，均应包角绕至后纵墙长度不少于 600mm，或全纵墙面面层加固。

1.3 当前檐高度超过 3.6m 或砖柱两侧相邻房间的开间超过 3.6m 时，宜采用配筋砂浆面层包裹端墙、窗间墙或砖柱表面。

1.4 构造应符合下列要求：

1.4.1 水泥砂浆强度等级不应小于 M10。

1.4.2 配筋砂浆带和配筋砂浆面层的厚度宜为 35～40mm，配筋砂浆带高度宜不低于 300mm；钢筋外保护层厚度不应小于 10mm，钢筋网片与墙面的空隙不宜小于 5mm。

1.4.3 单面配筋砂浆面层的钢筋网应采用锚固拉结筋与墙体拉结，拉结筋用植筋胶锚固于墙体内；双面配筋砂浆面层的双侧钢筋网间应采用穿墙筋拉结；穿墙拉结筋可采用Φ6 钢筋，锚固拉结筋宜采用Φ6 钢筋，拉结筋呈梅花状布置。

1.4.4 钢筋网应与四周构件可靠连接，可采用锚筋、插入短筋、拉结筋等方法。

1.4.5 钢筋的搭接长度不应小于 57d（d 为钢筋直径）。

1.5 加固施工应符合下列要求：

1.5.1 配筋砂浆带或配筋砂浆面层宜按下列顺序施工：原墙面处理，钻孔并用水冲刷，孔内干燥后铺设钢筋网并安设锚筋或穿墙拉结筋，浇水湿润墙面，抹水泥砂浆并养护，墙面保温层与外装饰层施工。

1.5.2 原墙面有碱蚀、风化时，应先清除松散部分，并用 1：3 水泥砂浆抹面，对已松动的勾缝砂浆应剔除。

1.5.3 在墙面钻孔时，应按设计要求先划线标出锚筋（或穿墙筋）的位置，并用电钻在砖体上打孔。孔直径宜比锚筋（或穿墙筋）大 1.25 倍；锚筋（或穿墙筋）采用植筋胶填实，先注胶，后插入钢筋；钢筋锚入深度不小于 150mm。

1.5.4 铺设钢筋网时，竖向钢筋应靠墙面并采用钢筋头垫起。

1.5.5 抹水泥砂浆时，应先在墙面刷水泥浆一道，再分层抹灰，每层厚度不应超过 15mm。

1.5.6 面层应浇水养护，防止阳光曝晒，冬季应采取防冻措施。

2. 墙面加固前的处理

2.1 铲除原墙抹灰层或打磨掉清水砖墙外表面的外墙涂料，将灰缝剔除至深5～10mm，用钢丝刷刷净残灰，吹净表面灰粉，洒水湿润，喷素水泥浆一道。对于非黏土砖墙尚宜涂刷胶质界面结合剂一道。

2.2 墙体存在裂缝时，应先对裂缝进行处理。

3. 墙体存在裂缝的处理方法

3.1 墙体存在裂缝时，应先对裂缝进行修补。

3.2 常用的裂缝修补方法有填缝法、压力注浆（胶）法、外加网片法和置换法等。根据工程的需要，这些方法可组合使用。

3.3 裂缝修补法见《砌体结构加固设计规范》GB 50702—2011。

图名	墙体加固说明	页次	12

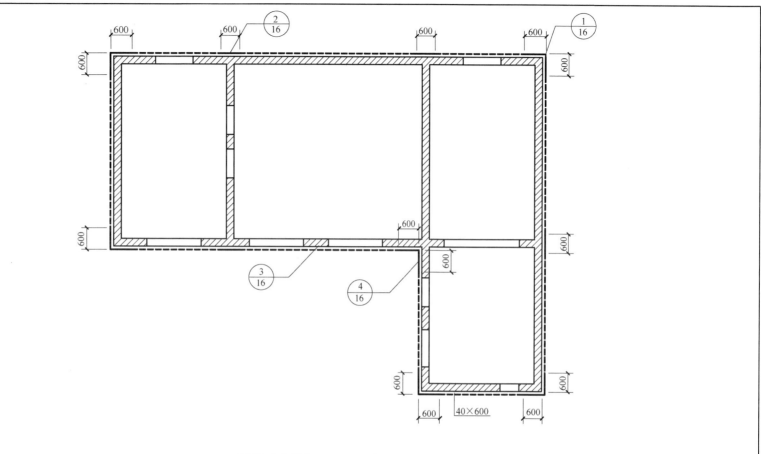

配筋砂浆带加固平面示意图

本图图例说明

图例	名称	厚度
——￢	竖向配筋砂浆带	40mm
- - - - - - - - -	横向配筋砂浆带	40mm

图名	配筋砂浆带加固平面示意图	页次	13

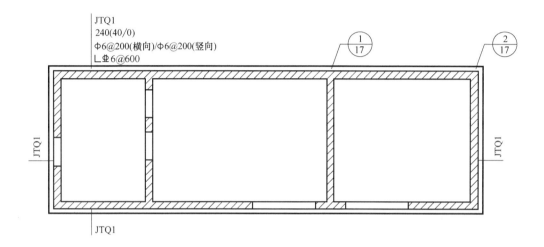

JTQ1
240(40/0)
Φ6@200(横向)/Φ6@200(竖向)
L Φ6@600

$\dfrac{1}{17}$ $\dfrac{2}{17}$

JTQ1

JTQ1

JTQ1

单面配筋砂浆面层加固平面示意图

本图图例说明

图例	名称	厚度
	加固墙1（JTQ1）	40mm 单面

图名	单面配筋砂浆面层加固平面示意图	页次	14

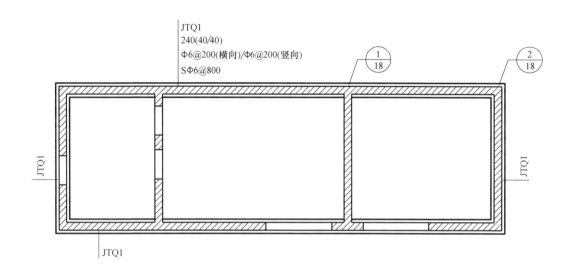

JTQ1
240(40/40)
Φ6@200(横向)/Φ6@200(竖向)
SΦ6@800

$\dfrac{1}{18}$ $\dfrac{2}{18}$

JTQ1

JTQ1

JTQ1

JTQ1

双面配筋砂浆面层加固平面示意图

本图图例说明

图例	名称	厚度
———————	加固墙 1（JTQ1）	40mm 双面

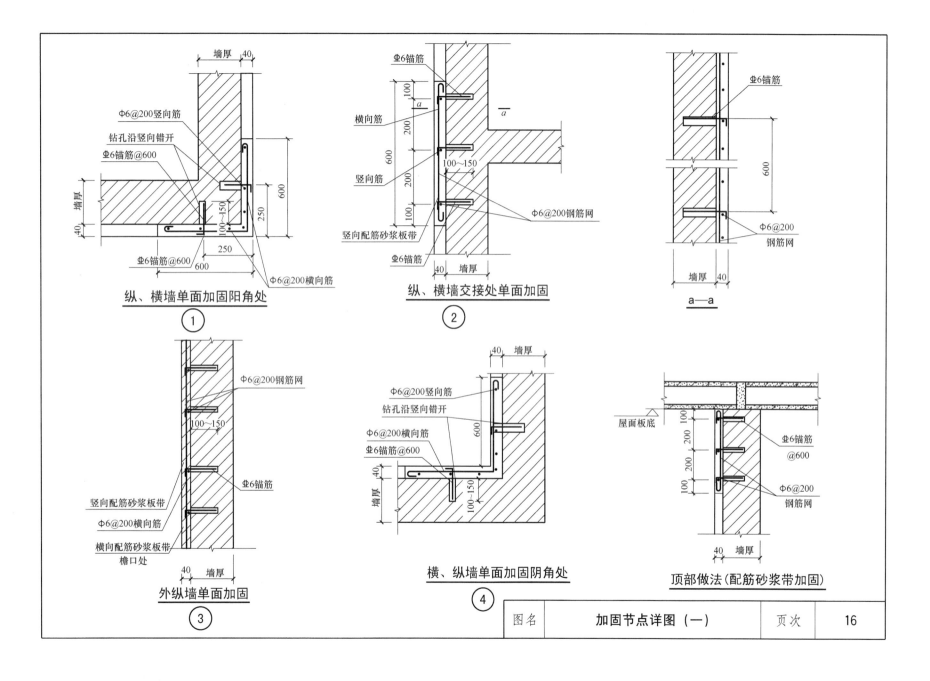

Φ6@200竖向筋

钻孔沿竖向错开

Φ6锚筋@600

墙厚

Φ6锚筋@600

600

Φ6@200横向筋

纵、横墙单面加固阳角处

①

横向筋

竖向筋

100~150

竖向配筋砂浆板带

Φ6锚筋

Φ6锚筋

Φ6@200钢筋网

纵、横墙交接处单面加固

②

Φ6锚筋

600

Φ6@200
钢筋网

墙厚

a—a

Φ6@200钢筋网

100~150

竖向配筋砂浆板带

Φ6@200横向筋

Φ6锚筋

横向配筋砂浆板带
檐口处

外纵墙单面加固

③

Φ6@200竖向筋

钻孔沿竖向错开

600

Φ6@200横向筋

Φ6锚筋@600

100~150

墙厚

横、纵墙单面加固阴角处

④

屋面板底

100

200

200

100

Φ6锚筋
@600

Φ6@200
钢筋网

墙厚

顶部做法(配筋砂浆带加固)

| 图名 | 加固节点详图(一) | 页次 | 16 |

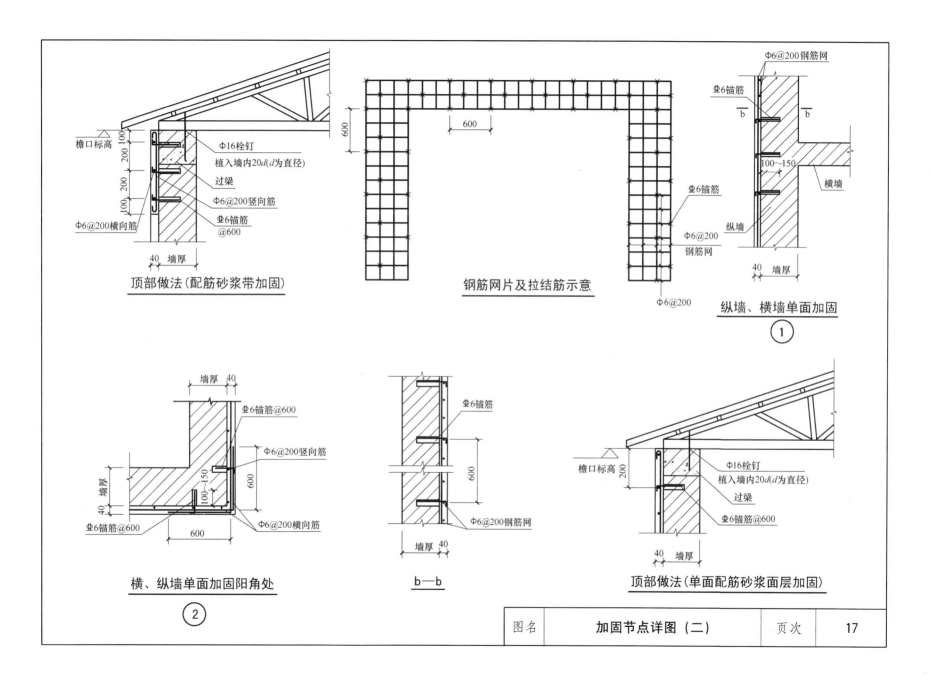

顶部做法(配筋砂浆带加固)

钢筋网片及拉结筋示意

纵墙、横墙单面加固

①

横、纵墙单面加固阳角处

②

b—b

顶部做法(单面配筋砂浆面层加固)

| 图名 | 加固节点详图(二) | 页次 | 17 |

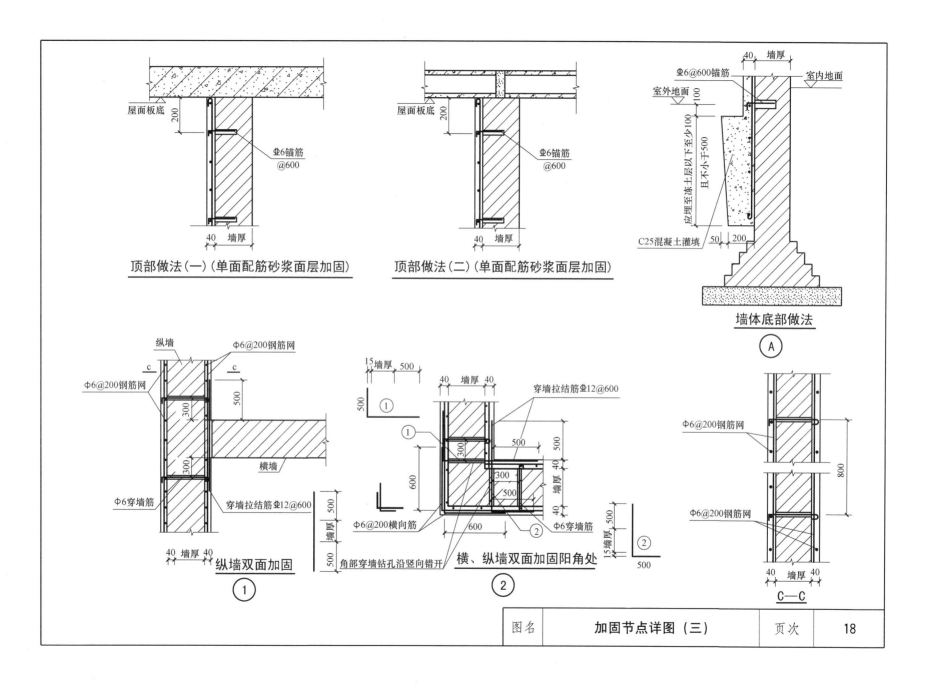

顶部做法（一）（单面配筋砂浆面层加固）

顶部做法（二）（单面配筋砂浆面层加固）

墙体底部做法 Ⓐ

纵墙双面加固 ①

横、纵墙双面加固阳角处 ②

C—C

| 图名 | 加固节点详图（三） | 页次 | 18 |

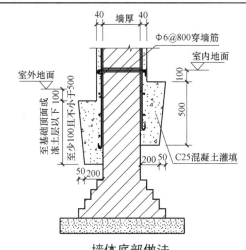

室外地面

室内地面

至基础顶面或冻土层以下不小于500

至少100且不小于100

40 墙厚 40

Φ6@800穿墙筋

100

500

200 50

50 200

C25混凝土灌填

墙体底部做法

Ⓑ

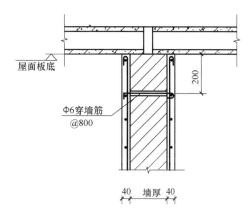

屋面板底

Φ6穿墙筋
@800

200

40 墙厚 40

顶部做法（一）（双面配筋砂浆面层加固）

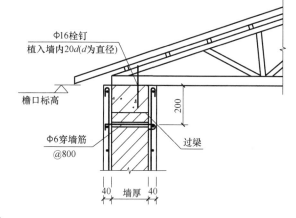

Φ16栓钉
植入墙内20d(d为直径)

檐口标高

Φ6穿墙筋
@800

200

过梁

40 墙厚 40

顶部做法（二）（双面配筋砂浆面层加固）

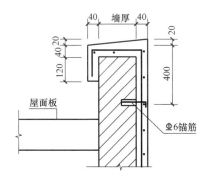

40 墙厚 40

20

400

120

40 20

屋面板

⚊6锚筋

女儿墙顶部配筋砂浆面层做法

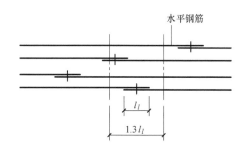

水平钢筋

l_l

$1.3 l_l$

墙体水平钢筋搭接平面示意图

注：图中所示同一连接区段内的搭接接头钢筋为两根，
当钢筋直径相同时，钢筋搭接接头面积百分率为50%。
l_l为受力钢筋的搭接长度。

| 图名 | 加固节点详图（四） | 页次 | 19 |

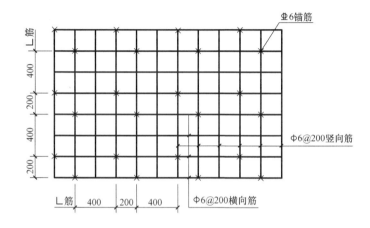

钢筋网片及锚固拉结筋示意图（一）

单面加固时

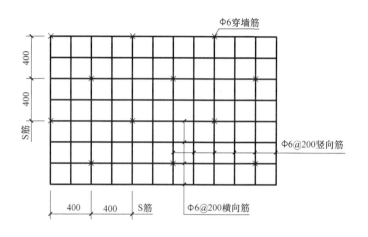

钢筋网片及穿墙拉结筋示意图（二）

双面加固时

| 图名 | 钢筋网片及拉结筋示意图 | 页次 | 20 |

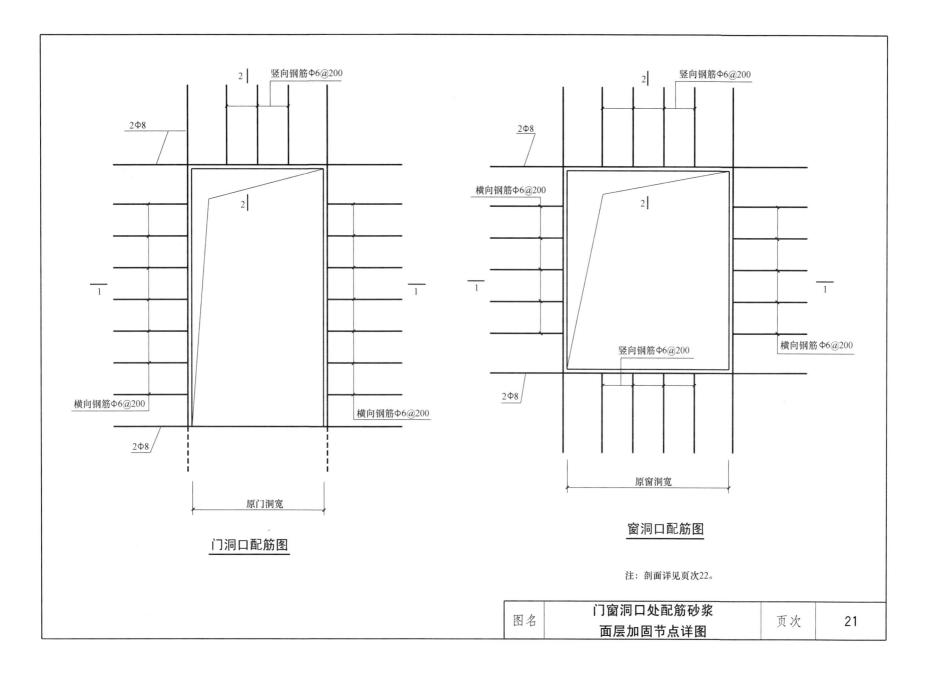

2

竖向钢筋Φ6@200

2Φ8

2

1

横向钢筋Φ6@200

横向钢筋Φ6@200

2Φ8

原门洞宽

门洞口配筋图

2

竖向钢筋Φ6@200

2Φ8

横向钢筋Φ6@200

2

1

竖向钢筋Φ6@200

横向钢筋Φ6@200

2Φ8

原窗洞宽

窗洞口配筋图

注：剖面详见页次22。

图名	门窗洞口处配筋砂浆 面层加固节点详图	页次	21

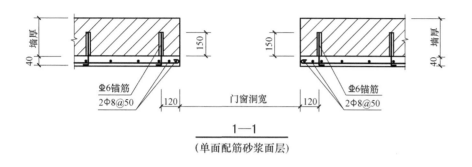

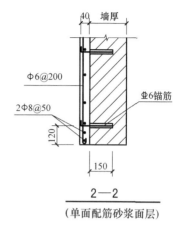

1—1
(单面配筋砂浆面层)

2—2
(单面配筋砂浆面层)

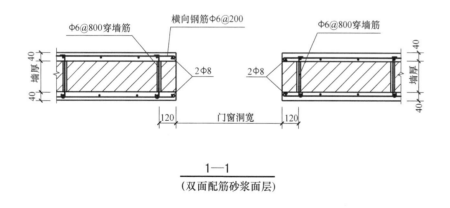

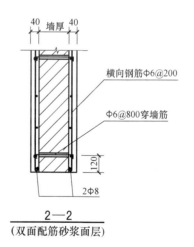

1—1
(双面配筋砂浆面层)

2—2
(双面配筋砂浆面层)

图名	门窗洞口处配筋砂浆面层加固剖面图	页次	22

三、抗震构造措施

抗震构造措施说明

1. 外加构造柱、圈梁加固

1.1 当无圈梁或圈梁设置不符合现行设计规范要求，或纵横墙交接处咬槎有明显缺陷，或房屋的整体性较差时，应增设圈梁进行加固；当无构造柱或构造柱设置不符合现行设计规范要求时，应增设现浇钢筋混凝土构造柱进行加固。

1.2 外加圈梁，宜采用现浇钢筋混凝土圈梁，在特殊情况下，亦可采用型钢圈梁。对内墙圈梁还可用钢拉杆代替，应设在有横墙（或纵墙）处，同时应锚固在纵墙（或横墙）上。

1.3 外加圈梁应靠近屋盖设置。钢拉杆应靠近屋盖和墙面。外加圈梁应在同一水平标高交圈闭合。变形缝处两侧的圈梁应分别闭合，如遇开口墙，应采取加固措施使圈梁闭合。

1.4 构造柱的材料、构造、设置部位应符合现行设计规范要求。增设的构造柱应与墙体圈梁、拉杆连接成整体，若所在位置与圈梁连接不便，也应采取措施与屋盖可靠连接。

1.5 采用外加钢筋混凝土圈梁时，应符合下列规定：

1.5.1 外加圈梁的截面高度不应小于 180mm，宽度不应小于 120mm。纵向钢筋的直径不应小于 10mm，数量不应少于 4 根。箍筋宜采用直径为 6mm 的钢筋，箍筋间距宜为 200mm。当圈梁与外加柱连接时，在柱边两侧各 500mm 长度区段内，箍筋间距应加密至 100mm。

1.5.2 外加圈梁的混凝土强度等级不应低于 C20，圈梁在转角处应设 2 根直径为 12mm 的斜筋。外加圈梁的顶面应做泛水，底面应做滴水线槽。

1.5.3 外加圈梁的钢筋外保护层厚度不应小于 20mm，受力钢筋接头位置应相互错开，其搭接长度为 40d（d 为纵向钢筋直径）。任一搭接区段内，有搭接接头的钢筋截面面积不应大于总面积的 25%；有焊接接头的纵向钢筋截面面积不应大于同一截面钢筋总面积的 50%。

1.6 采用钢拉杆代替内墙圈梁时，应符合下列规定：

1.6.1 横墙承重房屋的内墙，可用两根钢拉杆代替圈梁；纵墙承重和纵横墙承重的房屋，钢拉杆直径应根据房屋进深尺寸和加固要求等条件确定，但不应小于 14mm。

1.6.2 无横墙的开间可不设钢拉杆，但外加圈梁应与进深方向梁或屋盖可靠连接。

1.7 圈梁与木桁、木卧檩相交处均应采用 2Φ10 水平钢拉杆进行拉结。配筋砂浆带圈梁与木桁、木卧檩的相交连接方式见页次 31。钢圈梁与木桁、木卧檩的相交连接时，钢拉杆外墙侧可直接与钢圈梁焊接，其余部分连接应参考图一进行设计。

2. 屋盖

屋盖分为三角形屋架、传统木桁架形式、装配式屋盖。

2.1 三角形屋架、木桁架加固

经安全和经济评估后，在施工条件允许的情况下，对不符合抗震要求的木屋架、轻钢屋架应采用必要的抗震构造措施，并应符合下列规定：

图名	抗震构造措施说明	页次	24

1）在屋架的跨中处应设置纵向通长水平系杆，水平系杆应与屋架下弦杆可靠连接。屋架腹杆与弦杆宜采用双面扒钉连接。

2）在有条件的情况下，木屋架或木梁与柱之间宜加设斜撑或钢夹板或木夹板，木柱与屋架下弦（木柁）宜采用U形扁铁连接，所有连接宜采用螺栓连接方式；在条件不满足的情况下，可采用扒钉增加各构件间连接，节点加强做法见页次31。

3）三角形屋架宜在上弦屋脊节点和下弦中间节点处设置剪刀撑。剪刀撑与屋架上、下弦之间及剪刀撑中部宜采用螺栓连接见P31，剪刀撑两端应与屋架上、下弦应贴紧不留空隙。

4）檩条与屋架（梁）的连接及檩条之间的连接应符合下列要求（见页次31～页次32）：

a. 连接用的扒钉直径宜采用φ10、φ12；

b. 搁置在梁、屋架上弦上的檩条宜采用搭接，搭接长度不应小于梁或屋架上弦的宽度（直径），檩条与梁、屋架上弦以及檩条与檩条之间应采用扒钉或8号铁丝连接；

c. 当檩条在梁、屋架、穿斗木构架柱头上采用对接时，檩条与梁、屋架上弦、穿斗木构架柱头应采用扒钉连接；檩条与檩条之间应采用扒钉、木夹板或扁铁连接；

d. 三角形屋架在檩条斜下方一侧（脊檩两侧）应设置木楔支托檩条；

e. 双脊檩与屋架上弦的连接除应符合以上要求外，双脊檩之间尚应采用木条或螺栓连接。

5）椽子或木望板应采用圆钉与檩条钉牢。

2.2 预制装配式混凝土屋盖加固

对预制板屋盖，根据工程具体情况设计考虑，当其不满足抗震构造要求且适合加固时，可采用现浇叠合屋盖、设置角钢增加楼板搭接长度等方法加固（见页次33～页次34）。

1）现浇叠合屋盖厚度经设计确定后，具体做法应符合下列规定（见页次33）：

a. 清除防水层等建筑做法，露出预制板结构层，将其表面凿毛清理；

b. 在预制板端部增加2Φ12钢筋，形成封闭圈梁，并与叠合层钢筋网片连接；

c. 叠合层浇筑前，养护达到混凝土强度后，进行屋面防水层和保温层施工。

2）当预制楼板搭接长度不满足要求时，可采用L63×6等边角钢增加搭接长度，具体做法应符合下列规定（见页次34）：

a. 角钢水平方向应采用对穿M12螺栓固定，螺栓间距为500～1000mm。

b. 加固后，钢材表面应除锈，涂刷红丹防锈漆两道、调合漆两道。

c. 角钢长方向每500mm增加三角加劲肋。

3. 内隔墙

3.1 内隔墙主要起分隔空间的作用，加固时首先应防止内隔墙倒塌伤人。

3.2 当隔墙与前后墙柱之间未设置马牙槎时，应采用角钢等方式对隔墙端部进行加固。角钢尺寸宜为L75×5，按900mm的间距，以M12的锚栓与墙体连接，锚栓在内隔墙两侧宜对拉锚固，锚入外纵墙深度不应小于200mm。当选用不等边角钢时，其长边应与内隔墙连接（见页次35）。

3.3 当内隔墙长度大于高度2倍时，墙中部宜采用加固措施。可采用100×6扁钢夹住墙体，两侧钢板应以900mm的间距，用M12的锚栓在内隔墙两侧对拉锚固。扁钢与梁或木柁宜采取措施进行可靠连接（见页次35）。

| 图名 | 抗震构造措施说明 | 页次 | 25 |

3.4 当隔墙长度大于 5m 或高度大于 3m 时，墙顶部与屋架或楼板如无可靠连接，墙体顶部应加设夹板等限制墙体位移措施。

3.5 当为墙承重体系或柱、墙混合承重体系，房屋的承重横墙间距大于 13.0m 时，应沿纵墙在中部设置 1～2 片抗震横墙，可采用下列方法：

　　a. 加固原内隔墙使其起抗震墙的作用。加固时除应采用角钢等方式对隔墙端部进行加固外，宜选 1～2 片中间的内隔墙进行双面抹水泥砂浆面层加固，面层厚度宜为 25mm，砂浆的强度不低于 M5。

　　b. 新砌抗震墙。把 1～2 片中间的内隔墙拆除，在原内隔墙位置新增 240mm 厚的抗震墙，新砌墙体与原结构的连接应符合以上第 3.2 条的规定，也可采用页次 35 所示方法。新增的墙体应有基础，基础开挖深度不小于 500mm 或与原基础相同。

3.6 当隔墙过长、过高时，还可采用配筋砂浆面层加固。

3.7 后砌隔墙与木屋架梁下弦的连接加固可采用下列方法：

　　a. 屋架节点处应在隔墙顶部增设角钢墙档，并在墙顶对侧双面设置。应采用不小于 L50×4 的角钢，角钢与屋架下弦及端部腹杆采用直径 12mm 螺栓对穿连接（见页次 35）；

　　b. 隔墙中部应增设木夹板，间距不应大于 1000mm，木夹板应在墙顶对侧双面设置，平面尺寸不应小于 200mm×200mm，厚度不应小于 20mm；增设木夹板处屋架下弦（梁或穿坊）下塞入长度与墙等宽、宽度不小于木夹板宽度的垫木，厚度不应小于 50mm；木夹板与垫木采用扒钉连接（见页次 36）。

4. 围护墙

围护墙体与承重木构架的连接加固，应满足下列要求：

4.1 围护墙应沿墙高每隔 750mm 左右采用墙揽、8 号铁丝或 Φ6 钢筋将围护墙体与木柱绑扎牢固。

4.2 当围护墙采用钢丝网砂浆面层、外加配筋砂浆带加固时，应沿墙高每隔 750mm 左右采用 8 号铁丝将面层中的钢筋（铁丝）与木柱绑扎牢固。

4.3 当围护墙体布置在平面内不闭合时，可在墙体开口处设置竖向外加配筋砂浆带，并沿墙高每隔 500mm 左右采用 8 号铁丝将砂浆带中的纵向钢筋与木柱拉结牢固。

4.4 山墙、山尖墙应采用墙揽与龙骨、木屋架或檩条拉结（见页次 36）；墙揽可采用角钢、梭形铁件或木板等制作（见页次 36）。

4.5 木墙揽厚度不应小于 3mm，长、宽分别不应小于檩条直径加 140mm 和 100mm，并应竖向放置；墙揽套入檩条后用木销固定，木销断面不应小于 20mm×20mm，或直径不应小于 20mm，长度不应小于檩条直径加 60mm。

4.6 角钢、梭形铁件墙揽长度不应小于 300mm，并应竖向放置。墙揽与檩条、柱或屋架腹杆采用一头砸扁的直径为 12mm 的螺栓连接，螺栓连接处设 30mm×30mm×2mm 垫板。角钢墙揽断面不应小于 L50×5，梭形铁件中部断面不应小于 60mm×10mm。

4.7 当端开间山墙采用硬山搁檩时，宜采用墙揽将山墙与檩条或龙骨连接牢固（见页次 35～页次 36）。

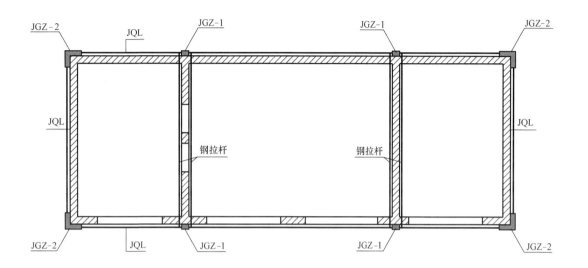

外加构造柱圈梁平面图

注:
1. 柱截面尺寸可采用 240mm×180mm,外墙转角可采用边长为 600mm 的 L 形等边角柱,厚度不应小于 120mm。纵向钢筋不宜少于 4ϕ12,转角处纵向钢筋可采用 12ϕ12;箍筋可采用ϕ6,其间距宜为 150~200mm。
2. 圈梁高度不应小于 180mm,宽度不应小于 120mm,纵筋不小于 4ϕ10,箍筋不小于ϕ6@200。
3. 圈梁遇管线时,应将管线局部拆移,不得将管线埋入圈梁内。
4. 圈梁与原有钢筋混凝土梁端部联结时,应与原梁钢筋可靠连接。
5. 外圈梁的顶面,应抹水泥砂浆泛水,底面做滴水线槽。

图名	外加构造柱圈梁平面图	页次	27

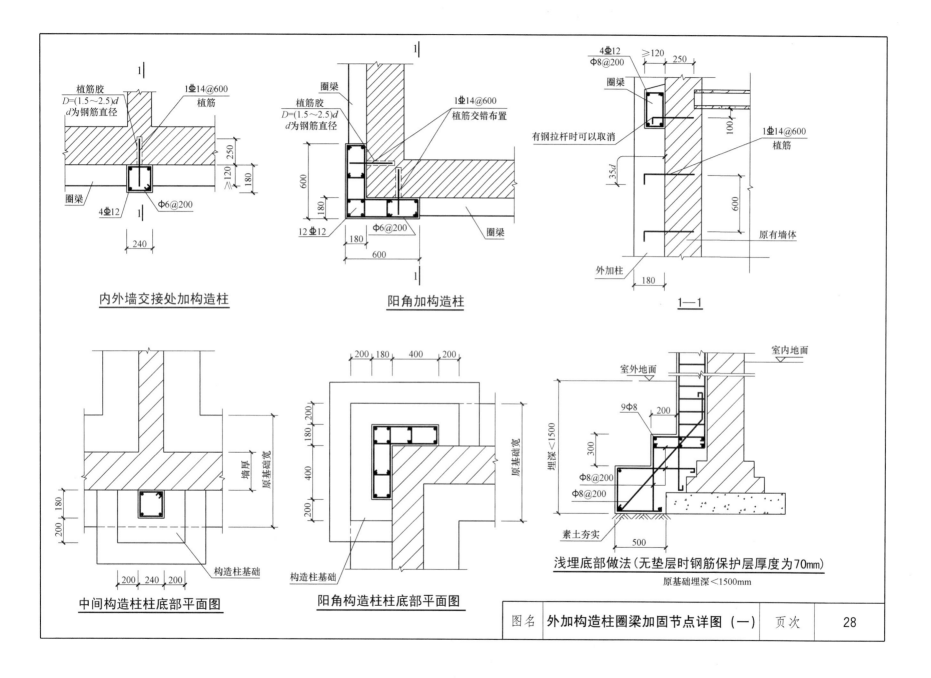

内外墙交接处加构造柱

阳角加构造柱

1—1

中间构造柱柱底部平面图

阳角构造柱柱底部平面图

浅埋底部做法（无垫层时钢筋保护层厚度为70mm）

原基础埋深<1500mm

| 图名 | 外加构造柱圈梁加固节点详图（一） | 页次 | 28 |

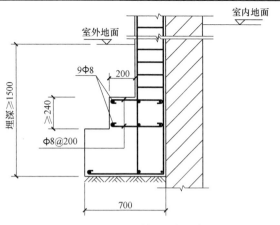

9Φ8

200

室内地面

室外地面

埋深≥1500

≥240

Φ8@200

700

深埋底部做法(无垫层时钢筋保护层厚度为70mm)

原基础埋深≥1500mm

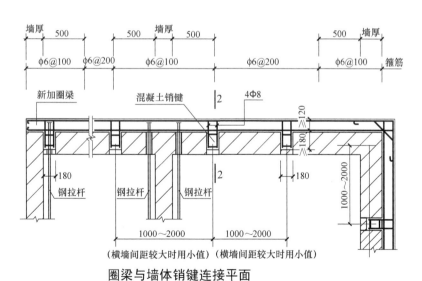

4Φ8

≥180 20

180

4Φ12

Φ6箍筋

≥120 ≥180

或打通

2—2

墙厚 500 | 500 墙厚 500 | 500 墙厚

Φ6@100 Φ6@200 Φ6@100 Φ6@200 Φ6@100 箍筋

新加圈梁 混凝土销键 2 4Φ8

120

180

≥180

180 180

钢拉杆 钢拉杆 钢拉杆 2

1000~2000

1000~2000 1000~2000

(横墙间距较大时用小值)(横墙间距较大时用小值)

圈梁与墙体销键连接平面

每跨内至少有一个销键

注:
1. 圈梁箍筋加密区范围：距横墙500范围内，Φ6@100。
2. 构造柱箍筋加密区范围：距梁或板1/3层高范围内，Φ6@100。

| 图名 | 外加构造柱圈梁加固节点详图（二） | 页次 | 29 |

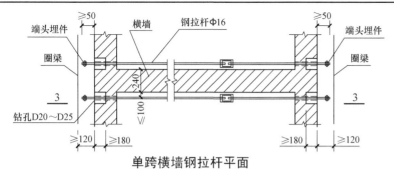

单跨横墙钢拉杆平面

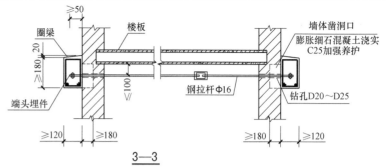

3—3

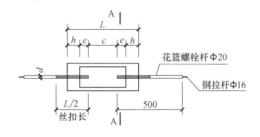

A—A

a	b	c	e	h	L
1.8d	0.3d	5～9d	2～3d	1.3d	250～300

注：
1. 花篮螺栓可采用成品。
2. 花篮螺栓与钢拉杆焊接采用对焊或双面焊接。
3. 屋面及梁附近相应范围内新加构造柱箍筋间距采用 100mm。

图名	外加构造柱圈梁加固节点详图（三）	页次	30

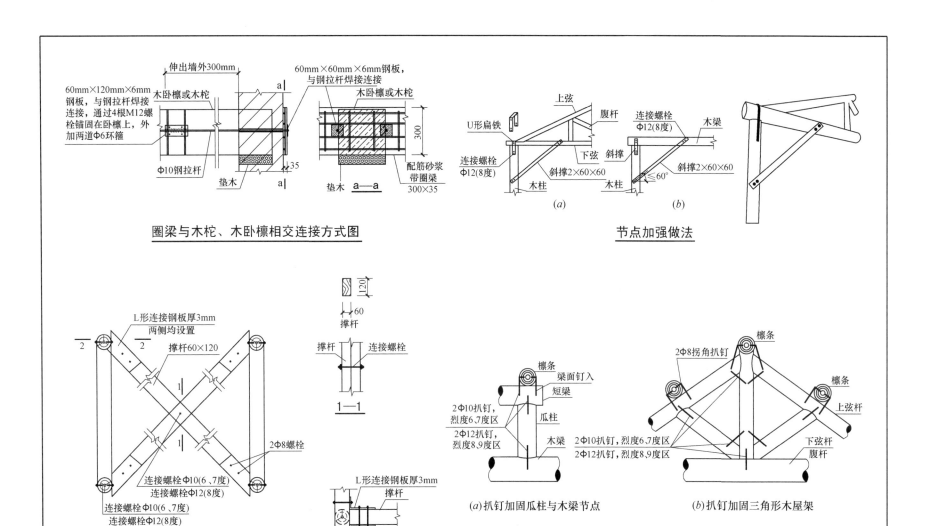

圈梁与木柁、木卧檩相交连接方式图

节点加强做法

三角形木屋架竖向剪刀撑

扒钉加固屋架节点

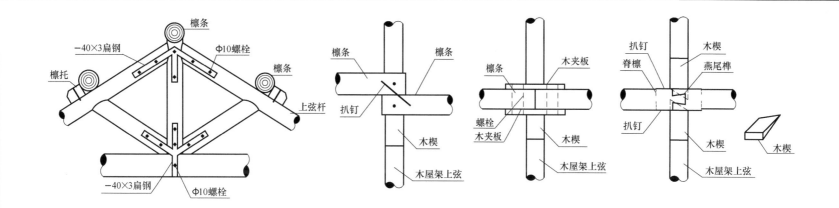

扁钢加固屋架节点

(a) 檩条在屋架上弦搭接做法   (b) 檩条在屋架上弦对接做法   (c) 檩条在屋架上弦燕尾榫对接做法

檩条在屋架上弦的连接措施

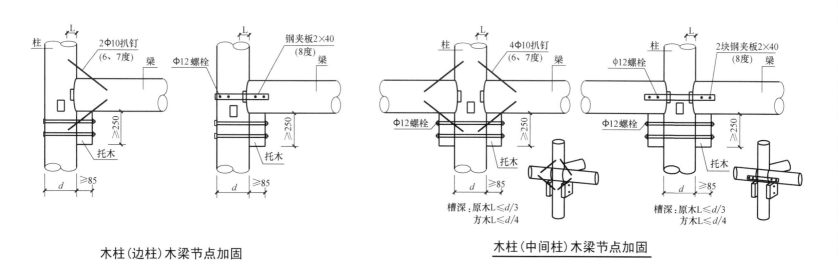

木柱(边柱)木梁节点加固

木柱(中间柱)木梁节点加固

图名	木结构加固节点图（二）	页次	32

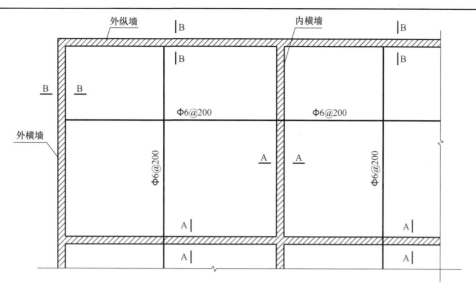

装配式屋盖增浇叠合层加固平面图

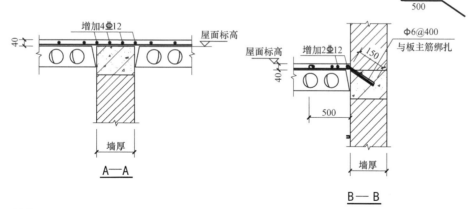

A—A

B—B

装配式屋盖加叠合层加固说明：

1. 装配式屋盖可直接在屋面板上增浇钢筋混凝土叠合层，以形成装配整体式屋盖。叠合层加固有提高楼板承载力的作用。

2. 叠合层厚度 40mm，混凝土强度等级不应低于 C20。叠合层钢筋网规格为Φ6@200～300。

3. B—B 剖面钢筋锚入孔后，孔用 1：1 水泥砂浆灌实，孔直径 D＝10mm。

| 图名 | 装配式屋盖增浇叠合层加固图 | 页次 | 33 |

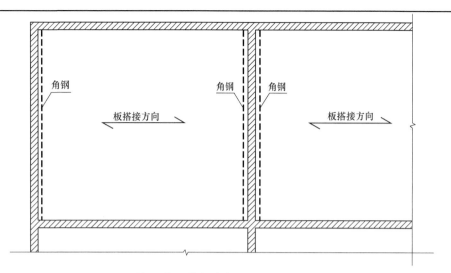

装配式屋盖加角钢加固平面图

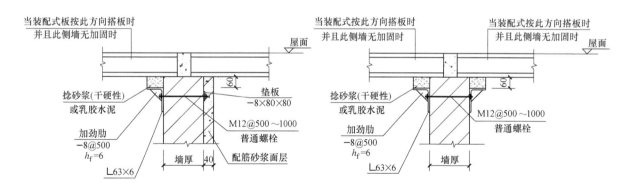

装配式屋盖加角钢加固节点图

注：1.捻砂浆(干硬性)，砂浆标号M5，内掺30%碎石，碎石粒径不大于20mm。
　　2.角钢外刷防锈漆(红丹油性防锈漆)二道、油性调和漆二道。

| 图名 | 装配式屋盖加角钢加固图 | 页次 | 34 |

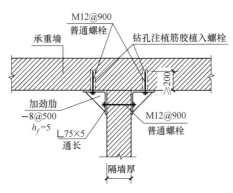

内隔墙与承重墙未设置马牙槎时

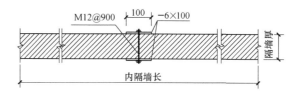

当内隔墙长度大于高度2倍时

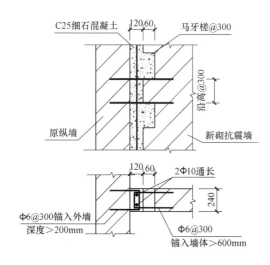

新砌抗震墙与原纵墙的连接

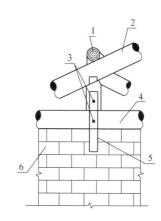

后砌隔墙端部墙顶与屋架下弦的连接

1－檩条；2－屋架上弦；3－连接螺栓；4－屋架下弦；
5－角钢墙档；6－隔墙

| 图名 | 圈梁、内隔墙抗震构造节点图 | 页次 | 35 |

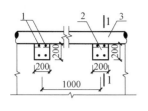 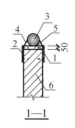 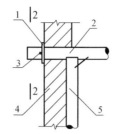 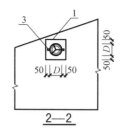 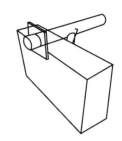

后砌隔墙中部墙顶与屋架下弦的连接

1-圆钉；2-木夹板；3-屋架下弦(梁或穿枋)；
4-扒钉；5-垫木；6-隔墙

出墙面木墙揽与檩条连接

1-木墙揽；2-檩条；3-木销；4-山墙；5-瓜柱

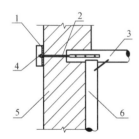 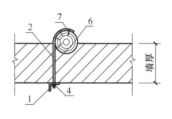 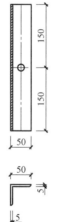 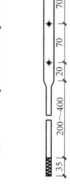

(a) 墙揽与檩条的连接　　(b) 墙揽与柱（屋架腹杆）的连接　　(c) 角钢墙揽做法

角钢墙揽连接做法

1-角钢墙揽；2-连接螺栓；3-檩条；4-垫板；
5-山墙；6-瓜柱；7-圆钉

| 图名 | 墙揽连接做法节点图 | 页次 | 36 |

四、柱 加 固

柱加固说明

承重柱包括砖柱、木柱、钢筋混凝土柱、石柱或其组合等形式。应根据房屋前檐高度、承重横墙间距、窗间独立砖柱的高度、砌筑材料以及设防烈度的不同，选择合理的方案加固承重柱。

1. 砖柱加固

1.1 砖柱加固宜根据房屋的具体情况选用不同的加固方法，提高其抗震能力。

1.2 当采用配筋砂浆加固砖柱时，应符合下列规定：

1.2.1 当房屋前檐高度超过3.6m或砖柱两侧相邻房间的开间超过3.6m时，宜采用配筋砂浆面层加固砖柱表面。

1.2.2 当砖柱采用泥浆或强度低于M1.0的混合砂浆或水泥砂浆砌筑时，钢筋网水泥砂浆面层加固范围不仅包括砖柱部分，还应向下延伸到地面高度以及窗下墙，窗下墙加固宽度不小于砖柱外皮以外300mm（见页次40）。

1.3 当采用水泥砂浆面层抹灰加固砖柱时，应符合下列规定：

当房屋前檐高度不超过3.6m、承重山墙间距不超过13m且砖柱的宽度不小于0.8m、前纵墙尽端墙肢的宽度不小于1.0m（包括山墙厚度），砌筑砂浆强度低于1.0MPa时，可采用砖墙表面抹25mm厚M5水泥砂浆面层的加固方法提高砖柱的承载力（见页次40）。

1.4 砖柱也可结合前纵墙一起进行加固，并根据本图集不同的加固方法进行加固（见页次41）。

2. 木柱加固

2.1 加固前应首先对木柱的状态进行检查评估。当木柱底部发现腐烂、受力开裂或虫蛀等严重损伤时，应首先考虑替换木柱，采用新木柱、砖柱或钢筋混凝土柱代替。

2.2 当木柱质量良好，底部没有发现腐烂、受力开裂或虫蛀等严重损伤且满足承载要求时，宜结合前纵墙采用包钢、外包砖柱、加钢筋混凝土框、加钢框等措施加固木柱，并应符合下列规定：

2.2.1 可采用外包砖柱、加钢筋混凝土框、加钢框等措施加固木柱（见页次42～页次44）。

2.2.2 采用包钢加固木柱时，宜选用缀板连接的格构式包钢构件，外包角钢的型号不小于L63×5，沿高度每500mm设置一层水平缀板，缀板厚度不小于6mm，缀板横截面高度不小于80mm。需要保证外包格构式构件在木柱丧失竖向承载力时不发生失稳破坏，并注意窗下墙顶部附近木柱与砖墙、钢筋混凝土框或型钢钢框的连接（见页次45）。

2.2.3 为防止木柱底部被腐蚀，在柱底部用 C25 混凝土包裹，见页次 45。

3. 钢筋混凝土柱加固

当房屋使用钢筋混凝土柱承重、内部构造措施不能满足抗震要求时，可采用加大柱截面、加钢筋混凝土框、加钢框、一侧或两侧采用配筋砖墙等措施加固预制钢筋混凝土柱。

3.1 当钢筋混凝土柱竖向承载力不足时，宜采用加大钢筋混凝土柱截面法加固（见页次 46）。

3.2 当钢筋混凝土柱竖向承载力满足要求，但侧向刚度不足时，可采用增加配筋砖墙、加钢筋混凝土门框或窗框、加型钢门框或窗框的方法加固（见页次47～页次49）。

3.3 当屋架或梁浮搁在钢筋混凝土柱上时，宜在柱顶设置环形钢扣件，通过与环形钢扣件可靠连接的拉杆与木屋架连接，或与钢屋架支座焊接，加强预制钢筋混凝土柱与屋架的连接。

4. 石柱加固

当房屋使用石柱承重时，应首先检查石柱有无开裂、局部压碎或损伤等情况，如条件允许还应检查基础情况。若石柱有严重损伤，应首先考虑采用砖柱或预制钢筋混凝土柱等替换石柱。

4.1 石柱由于抗压性能良好，其竖向荷载作用下的承载力需求容易满足，但是由于其与木屋架连接整体性差，石柱本身抗折能力差，需要采用外包格构式型钢或配筋砖柱等加固措施约束石柱的变形，提高石柱的抗震能力。外包格构型钢的顶部要采用环形封闭措施，确保格构型钢有足够的竖向承载力储备，当石柱断裂时能分担竖向荷载。

4.2 当采用外包格构式型钢或配筋砖柱时，需要注意窗下墙顶部附近石柱与砖墙、钢筋混凝土框或型钢钢框的连接。

| 图名 | 柱加固说明 | 页次 | 39 |

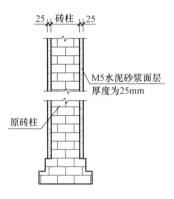

25 砖柱 25

M5水泥砂浆面层
厚度为25mm

原砖柱

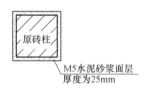

原砖柱

M5水泥砂浆面层
厚度为25mm

砖柱加水泥砂浆面层加固

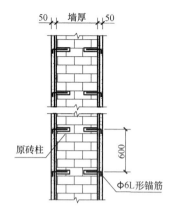

50 墙厚 50

原砖柱

600

φ6L形锚筋

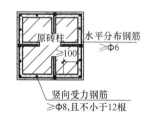

原砖柱

水平分布钢筋
≥φ6

≥100

竖向受力钢筋
≥φ8,且不小于12根

砖柱配筋砂浆面层加固

注:水泥砂浆强度等级不宜低于M10。

| 图名 | 砖柱面层加固示意图 | 页次 | 40 |

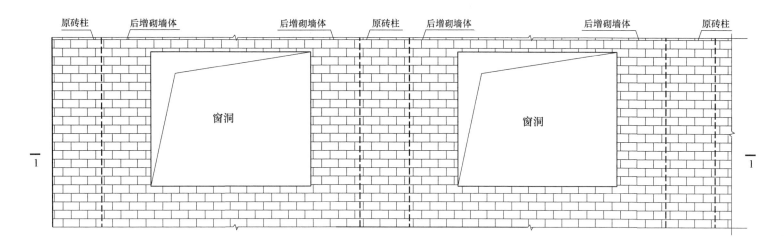

原砖柱　　　后增砌墙体　　　　　后增砌墙体　　原砖柱　　后增砌墙体　　　　　后增砌墙体　　　　原砖柱

窗洞　　　　　　　　　　　　　窗洞

砖柱增砌墙体加固示意图

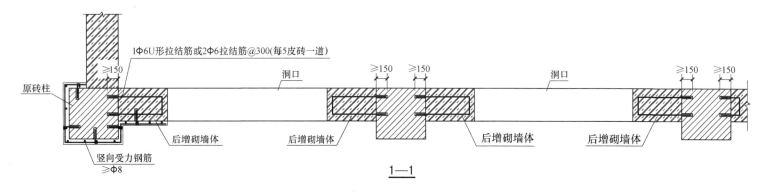

1φ6U形拉结筋或2φ6拉结筋@300(每5皮砖一道)

原砖柱

竖向受力钢筋
≥φ8

后增砌墙体

洞口

后增砌墙体　　　后增砌墙体

洞口

后增砌墙体

≥150　≥150

≥150　≥150

1—1

注：1. 当砖柱高度大于3.6m时，增砌砖墙与原有砖柱宜采用配筋砂浆面层包裹。
　　2. 配筋砂浆面层做法见本图集。
　　3. 后增砌墙体落于原基础顶。

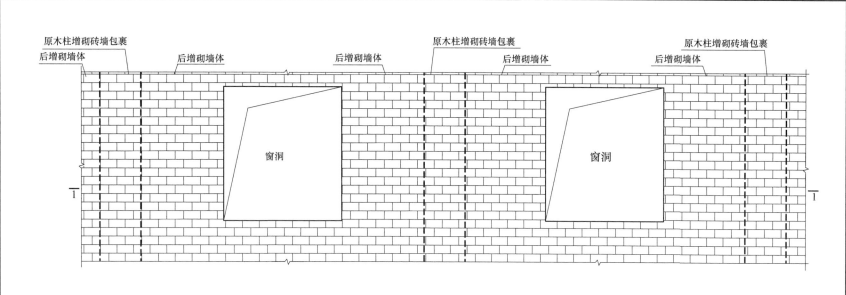

木柱增砌墙体加固示意图

注:后增砌砖墙宜包裹原木柱。

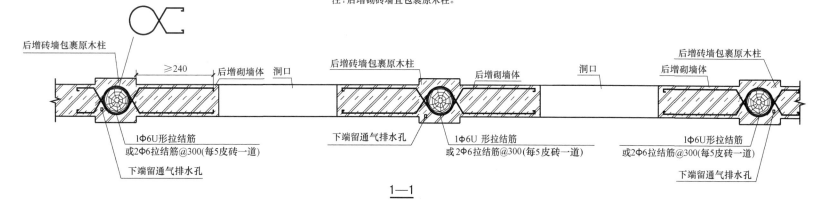

1—1

| 图名 | 木柱增砌墙体加固示意图 | 页次 | 42 |

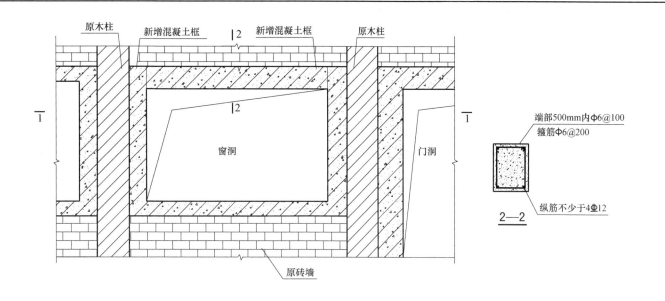

原木柱　新增混凝土框　新增混凝土框　原木柱

端部500mm内Φ6@100
箍筋Φ6@200

窗洞

门洞

纵筋不少于4Φ12

2—2

原砖墙

木柱新增混凝土框加固

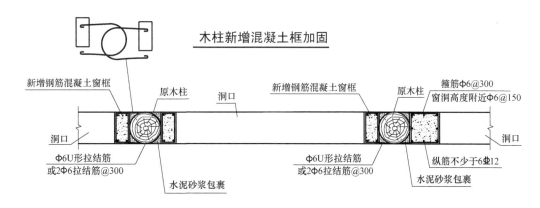

新增钢筋混凝土窗框　原木柱　洞口　新增钢筋混凝土窗框　原木柱

箍筋Φ6@300
窗洞高度附近Φ6@150

洞口　洞口

Φ6U形拉结筋
或2Φ6拉结筋@300

Φ6U形拉结筋
或2Φ6拉结筋@300

纵筋不少于6Φ12

水泥砂浆包裹　水泥砂浆包裹

1—1

注：1. 门框立柱的截面宽度不小于240mm，截面厚度与柱直径相同。门框立柱加固后应满足使用要求。窗框宽度宜为120mm，厚度宜与墙体厚度相同。顶部过梁的
截面高度不宜小于240mm，宽度宜与墙同宽。
2. 混凝土强度等级不低于C20，纵筋选用HRB400，箍筋选用HPB300。

图名	木柱新增混凝土框加固示意图	页次	43

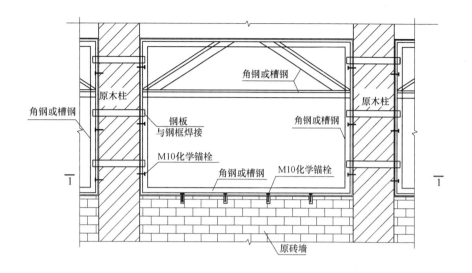

木柱新增钢框加固

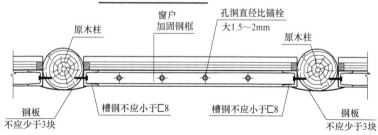

1—1

注：1. 连接型钢的钢板厚度不小于 6mm，宽度不小于 30mm。

2. 槽钢可以用角钢代替，且角钢的尺寸应满足：不等边角钢不宜小于∟63×40×6，等边角钢不宜小于∟63×6。

3. 当房屋采用木屋架时，门窗洞口中安装钢框侧面应与屋架主柁侧面紧密接触。

| 图名 | 木柱新增钢框加固示意图 | 页次 | 44 |

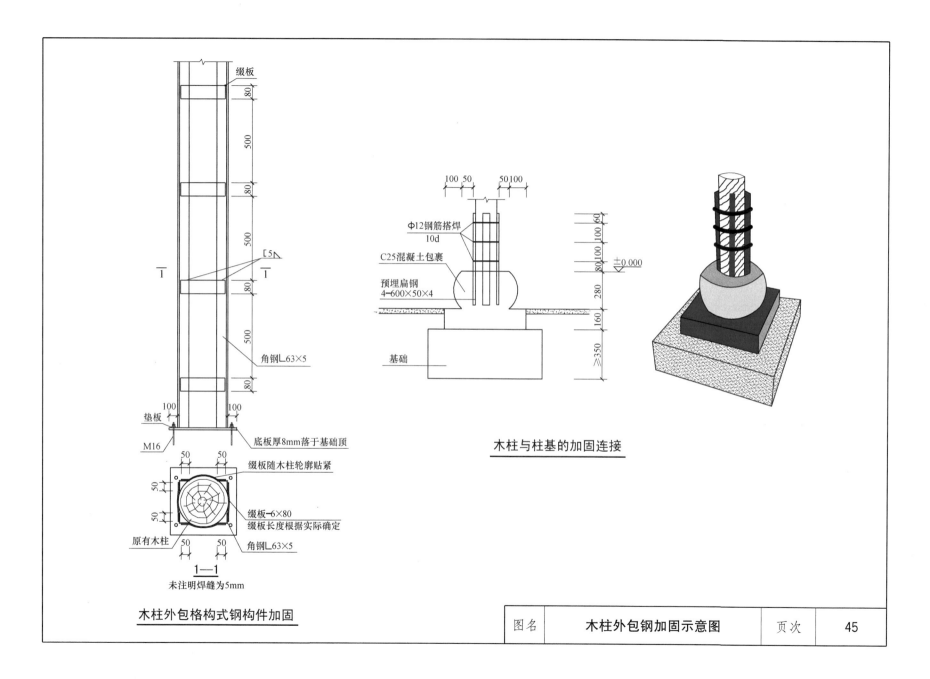

缀板

80

500

80

500

80

[5

500

80

500

80

角钢L63×5

100　　　　100

垫板

M16

底板厚8mm落于基础顶

50　50

缀板随木柱轮廓贴紧

50

50

缀板-6×80
缀板长度根据实际确定

原有木柱

50　50

角钢L63×5

1—1

未注明焊缝为5mm

木柱外包格构式钢构件加固

100　50　　50　100

Φ12钢筋搭焊
10d

C25混凝土包裹

预埋扁钢
4-600×50×4

基础

60
100
80　100
±0.000
280
160
≥350

木柱与柱基的加固连接

图名	木柱外包钢加固示意图	页次	45

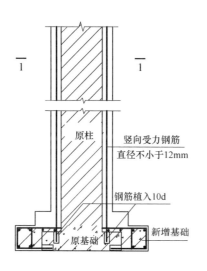

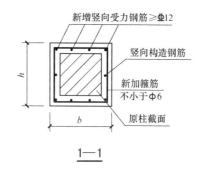

原柱

竖向受力钢筋
直径不小于12mm

钢筋植入10d

原基础 　新增基础

新增竖向受力钢筋≥Φ12

竖向构造钢筋

新加箍筋
不小于Φ6

原柱截面

1—1

混凝土柱加大截面加固示意图

注：1. 钢筋混凝土面层的厚度不应小于 60mm，若采用喷射混凝土则不应小于 50mm。

2. 加固混凝土强度不应小于原预制柱的混凝土强度且不应低于 C20。

3. 箍筋直径不应小于 6mm，间距不应大于 150mm。柱两端 500mm 范围内箍筋应加密，其间距应取为 100。
若加固后的构件截面高度 $h \geqslant 500$mm，尚应在截面两侧加设竖向构造钢筋，并相应设置拉结钢筋作为箍筋。

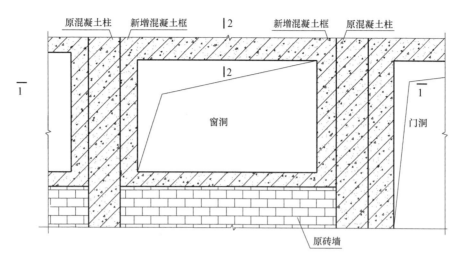

混凝土柱加钢筋混凝土框加固示意图

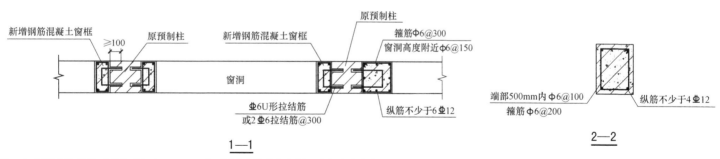

注：1. 门框立柱的截面宽度不小于240mm，截面厚度与柱直径相同。窗框宽度宜为120mm，厚度宜与墙体厚度相同。顶部过梁的截面高度不应小于240mm，宽度宜与墙同宽。

2. 混凝土强度等级不低于C20，且不应低于原柱的实际混凝土强度等级，纵筋选用HRB400，箍筋选用HPB300。

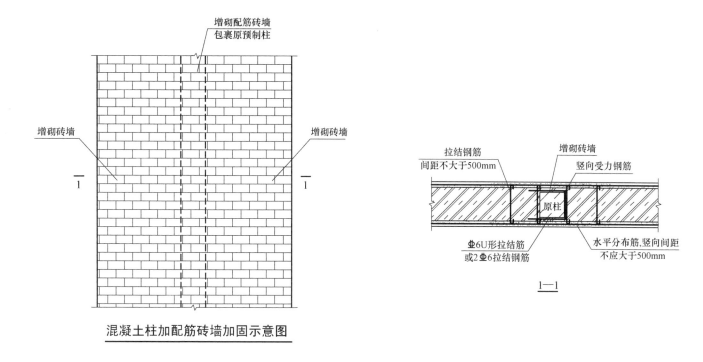

増砌配筋砖墙
包裹原预制柱

増砌砖墙

増砌砖墙

拉结钢筋
间距不大于500mm

増砌砖墙

竖向受力钢筋

原柱

Φ6U形拉结筋
或2Φ6拉结钢筋

水平分布筋,竖向间距
不应大于500mm

1—1

混凝土柱加配筋砖墙加固示意图

注：1. 竖向受力钢筋宜采用 HPB300 钢筋，直径不小于 8mm，钢筋净距不应小于 30mm。

2. 水泥砂浆面层厚度采用 45～50mm，强度等级不宜低于 M10。

3. 增砌砖墙应包裹混凝土柱，拉结筋封闭端应紧密包裹混凝土柱。

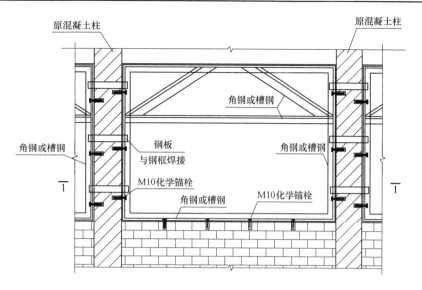

混凝土柱新增钢框加固示意图

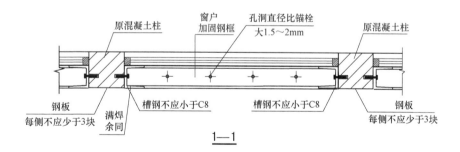

1—1

注：1. 连接型钢的钢板厚度不小于6mm，宽度不小于30mm。

2. 槽钢可以用角钢代替，且角钢的尺寸应满足：不等边角钢不宜小于∟63×40×6，等边角钢不宜小于∟63×6。

3. 当房屋采用木屋架时，门窗洞口中安装钢框侧面应与屋架主杆侧面紧密接触。

| 图名 | 混凝土柱新增钢框加固示意图 | 页次 | 49 |

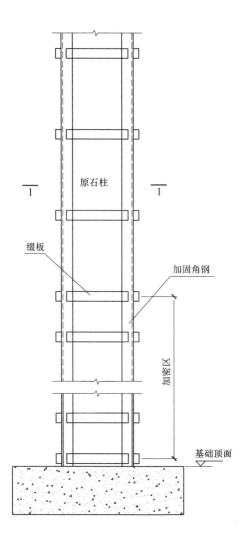

原石柱

缀板

加固角钢

加密区

基础顶面

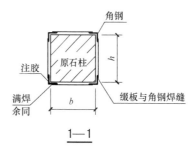

角钢

原石柱

注胶

满焊
余同

缀板与角钢焊缝

h

b

1—1

注：角钢与石柱注结构胶连接

注：1. 受力角钢和钢缀板的最小尺寸为L 60×60×6 和 60×6。

　　2. 缀板的间距不应大于500mm，在钢构架从基础顶面至室外地面 2h 范围
　　　 内（h 为原柱截面高），缀板的间距不得大于250mm。

　　3. 应对型钢进行防锈处理。

砌筑石柱采用包钢加固示意图

图名	**砌筑石柱采用包钢加固示意图**	页次	50

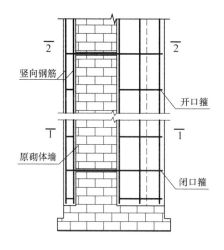

竖向钢筋

开口箍

原砌体墙

闭口箍

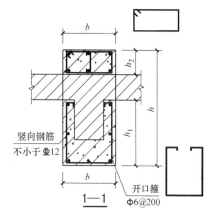

竖向钢筋
不小于单12

开口箍
φ6@200

1—1

注：面层厚度不应小于60mm；
h_2不宜小于120mm。

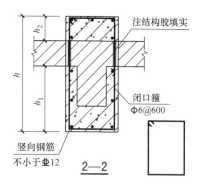

注结构胶填实

闭口箍
φ6@600

竖向钢筋
不小于单12

2—2

注：预钻孔直径可取U形箍筋直径的2倍，
并用结构胶填实。

扶壁柱钢筋混凝土层加固示意图

注：壁柱的混凝土强度等级不应低于C20。

五、门窗洞口加固

门窗洞口加固说明

1. 当纵墙存在以下情况之一时，应采取增砌砖墙、加混凝土框或加钢框的方法加固。

1.1 纵墙的开洞率超过50%。

1.2 端墙或窗间墙的长度小于1.2m。

1.3 房屋前檐窗洞口宽度大于2.1m。

2. 当拆除已有门窗框时，应对原结构进行评估，并采取必要的安全防护措施，防止原结构发生局部或整体倒塌。

3. 采用增砌砖墙加固纵墙的设计，应符合下列规定：

3.1 砌筑砂浆强度应不低于M2.5，砖的强度等级不低于MU7.5。

3.2 宜采用窗口一侧或两侧增砌墙体的方式进行加固，加固后7度地区窗间墙与端墙宽度不应小于1000mm，8度地区窗间墙和端墙宽度不应小于1200mm。

4. 当前檐高度大于3.6m或承重山墙间距超过13m时，增砌砖墙与原有砖墙宜采用配筋砂浆面层包裹，网片应包裹整个增砌砖墙与原有砖墙，还应向下延伸到地面高度以及窗下墙，窗下墙加固宽度不小于砖柱处皮以外300mm。加固设计与施工方法应遵循本图集配筋砂浆面层加固说明（见页次55）。

5. 采用增砌墙体的方法加固，应符合下列规定：

5.1 原墙体为砖墙或砖柱时，采用钢筋与原墙体进行连接。增砌砖墙沿高度每5皮砖设置2Φ6拉结钢筋或1根直径6mm的U形拉结钢筋，拉结钢筋或U形拉结钢筋的开口端通过M10水泥砂浆锚固在原砖墙内。增砌砖墙与山墙交接处各300mm宽范围的砖墙表面外包配筋砂浆面层，面层设计与施工应符合本图集墙体加固说明中配筋砂浆面层加固说明的规定（见页次56）。

5.2 原前纵墙为木柱承重时，增砌砖墙沿高度每5皮砖设置2Φ6拉结钢筋或1根直径6mm拉结钢筋，且拉结钢筋的开口端应与贴柱闭合的钢板可靠焊接，原柱与新砌墙体间用一定厚度水泥砂浆填抹。外露钢板应采取防锈防腐蚀措施，木柱下端也应采取防腐措施（见页次57）。

5.3 原前纵墙为预制钢筋混凝土柱承重时，增砌砖墙沿高度每5皮砖设置2Φ6拉结钢筋或1根直径6mm的U形拉结钢筋，拉结钢筋或U形拉结钢筋开口端应锚入原预制混凝土柱内（见页次58）。

6. 当采用增砌砖墙宽度受到条件限制时，可采用在原墙体或柱一侧或两侧的门窗洞口增加钢筋混凝土封闭门框或窗框的方法进行加固。

7. 采用门窗洞口加混凝土框的方法加固，应符合下列规定：

7.1 混凝土强度等级不低于C20，纵筋选用HRB400，箍筋选HPB235或HRB335。

图名	门窗洞口加固说明	页次	53

7.2 钢筋混凝土窗框的厚度宜为120mm，高度宜与墙体厚度相同或略窄，以方便外墙表面保温层的施工。沿窗框高度每5皮砖设置一道2Φ6拉结钢筋或U形钢筋与原墙体或柱进行拉结；U形钢筋开口端锚入原墙体或柱内不应少于150mm，钻孔用植筋胶植筋或用水泥砂浆灌实。

7.3 钢筋混凝土门框两侧立柱的截面宽度不应小于240mm，厚度与砖墙或柱宽度相同。立柱纵向钢筋不应少于6Φ12，箍筋不应少于Φ6@300mm，在窗洞口高度附近上下各1/3处箍筋宜加密为Φ6@130mm（每2皮砖一道）。顶部过梁的截面高度不应小于240mm，宽度不应小于原墙厚。过梁纵向钢筋不应小于4Φ12，箍筋不应少于Φ6@200，端部500mm范围箍筋宜加密为Φ6@100mm。沿门框高度每5皮砖宜设置一道2Φ6拉结钢筋或U形钢筋与原墙体进行拉结；U形钢筋开口端锚入原墙体或柱内不应少于150mm，钻孔用植筋胶植筋或用水泥砂浆灌实。

7.4 钢筋混凝土门框的下梁底面坐在原基础墙上，如果原来结构没有设置条形基础，可局部开挖到原基础底面高度或地表以下800mm，原地基土夯实后用水泥砂浆铺设放脚基础，下梁高度不宜小

于350mm，宽度不宜小于240mm，上下表面宜各配置3Φ12纵向钢筋，箍筋不应少于Φ6@200mm，端部500mm范围箍筋宜加密为Φ6@100mm。

7.5 8度区或砖墙高度大于3.6m时，还应用配筋砂浆面层加固原有砖墙（柱）与钢筋混凝土框，以加强二者的连接，保证二者能共同工作。

7.6 混凝土框施工时要求分三层浇注到柱顶，通过侧口浇注梁混凝土，初凝后剔除浇注口附近剩余的混凝土；或采用预制钢筋混凝土过梁，两端预留钢筋与柱钢筋混凝土可靠拉结。

8. 当增砌砖墙宽度受到条件限制时，对砖木或砖混单层砌体房屋中的砖墙或砖柱，当砌筑质量较好，灰缝饱满均匀，采用的水泥砂浆或混合砂浆强度大于M1.0，砖的强度等级不低于MU7.5时，可采用增设型钢钢框的方法加固。

9. 采用门窗洞口加钢框的方法加固前纵墙，应符合：

9.1 钢框应根据门窗洞口的实际大小来制作。

9.2 装配时槽钢的背面或角钢的长边应与相邻砖柱、砖墙以及顶部的卧檩可靠拉结。

| 图名 | 门窗洞口加固说明 | 页次 | 54 |

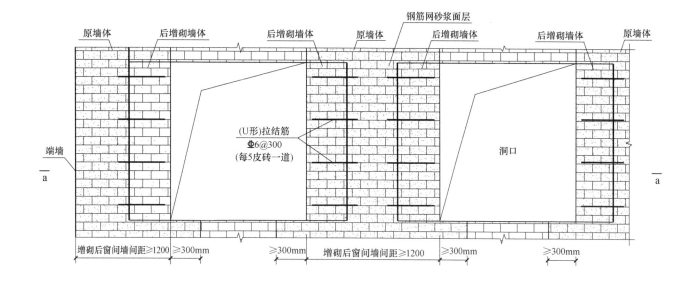

洞口增砌墙体加固示意图（一）

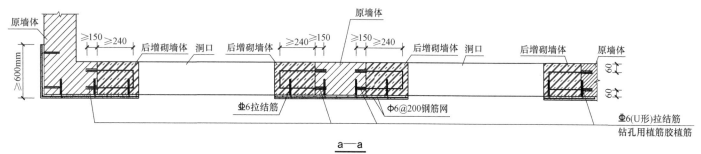

a—a

注：1. 当前檐高度大于 3.6m 或承重山墙间距超过 13m 时，增砌砖墙与原有砖墙宜采用配筋砂浆面层包裹（见本图集）。
  2. 网片应包裹整个增砌砖墙与原有砖墙，还应向下延伸到地面高度以及窗下墙，窗下墙加固宽度不小于砖柱内皮以外 300mm。

| 图名 | 洞口增砌墙体加固示意图（一） | 页次 | 55 |

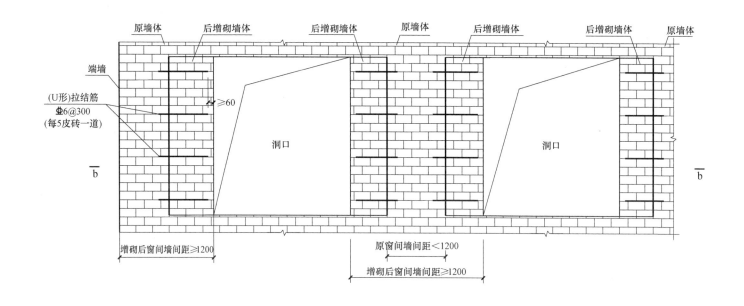

原墙体　　　后增砌墙体　　　后增砌墙体　　　原墙体　　　后增砌墙体　　　后增砌墙体　　　原墙体

端墙

(U形)拉结筋
Φ6@300
(每5皮砖一道)

≥60

洞口

洞口

b

b

增砌后窗间墙间距≥1200

原窗间墙间距＜1200

增砌后窗间墙间距≥1200

洞口增砌墙体加固示意图（二）

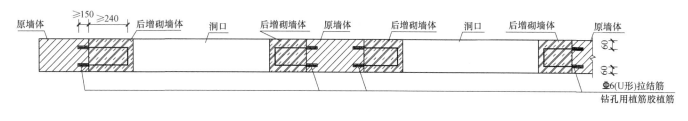

≥150 ≥240

原墙体　　　后增砌墙体　　　洞口　　　后增砌墙体　原墙体　　　后增砌墙体　　　洞口　　　后增砌墙体　　原墙体

60

60

Φ6(U形)拉结筋
钻孔用植筋胶植筋

b—b

图名	洞口增砌墙体加固示意图（二）	页次	56

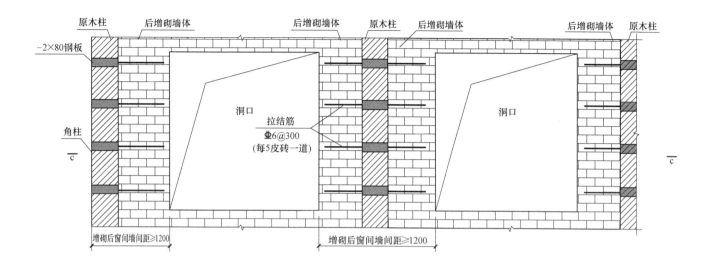

洞口增砌墙体加固示意图（三）

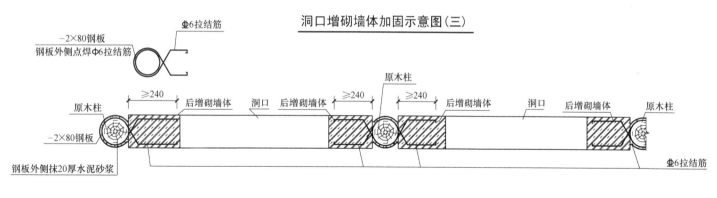

c—c

注：1. 增砌墙体应紧贴原柱砌筑，二者中间隙用水泥砂浆填抹，且包裹U型拉结筋的厚度不小于20mm。

2. −2×80钢板外露部分需做防锈处理。

| 图名 | 洞口增砌墙体加固示意图（三） | 页次 | 57 |

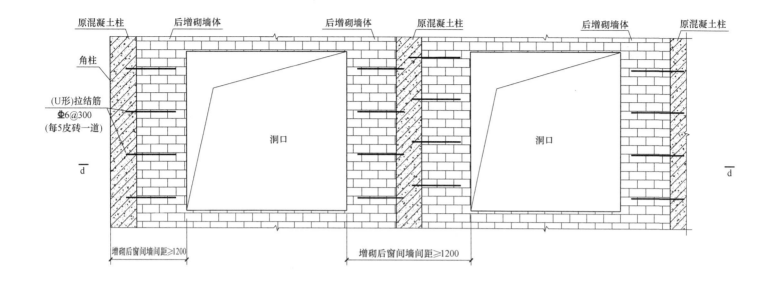

原混凝土柱　后增砌墙体　后增砌墙体　原混凝土柱　后增砌墙体　原混凝土柱

角柱

(U形)拉结筋
Φ6@300
(每5皮砖一道)

洞口　　　洞口

增砌后窗间墙间距≥1200　　增砌后窗间墙间距≥1200

洞口增砌墙体加固示意图(四)

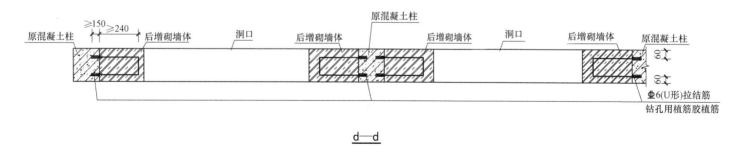

≥150 ≥240

原混凝土柱　后增砌墙体　洞口　后增砌墙体　原混凝土柱　后增砌墙体　洞口　后增砌墙体　原混凝土柱

Φ6(U形)拉结筋
钻孔用植筋胶植筋

d—d

| 图名 | 洞口增砌墙体加固示意图（四） | 页次 | 58 |

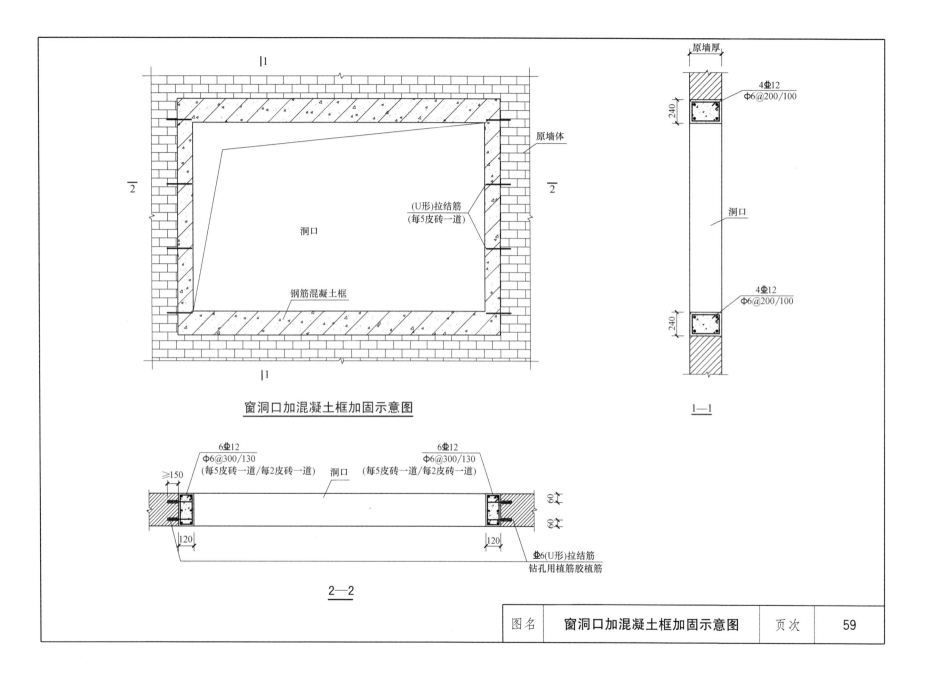

窗洞口加混凝土框加固示意图

1—1

2—2

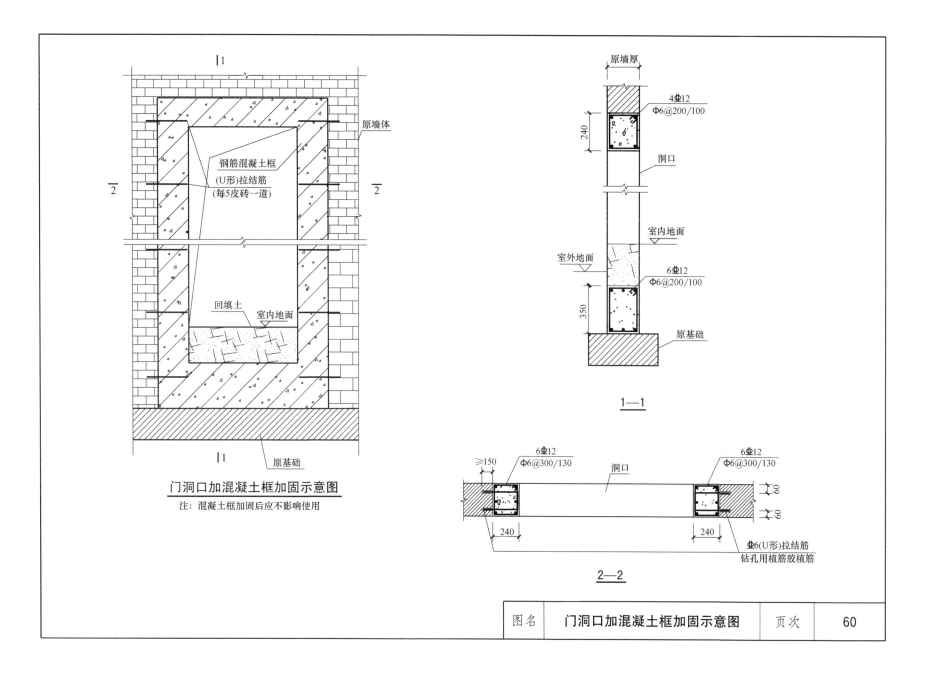

钢筋混凝土框

(U形)拉结筋
(每5皮砖一道)

原墙体

回填土

室内地面

原基础

门洞口加混凝土框加固示意图

注：混凝土框加固后应不影响使用

原墙厚

4Φ12
Φ6@200/100

洞口

240

室内地面

室外地面

6Φ12
Φ6@200/100

350

原基础

1—1

6Φ12
Φ6@300/130

≥150

洞口

6Φ12
Φ6@300/130

60

60

240

240

Φ6(U形)拉结筋

钻孔用植筋胶植筋

2—2

图名	**门洞口加混凝土框加固示意图**	页次

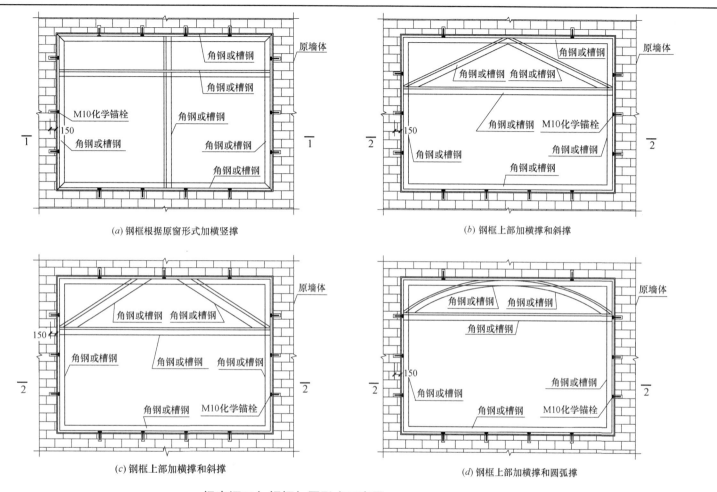

(a) 钢框根据原窗形式加横竖撑

(b) 钢框上部加横撑和斜撑

(c) 钢框上部加横撑和斜撑

(d) 钢框上部加横撑和圆弧撑

门窗洞口加钢框加固形式示意图

注:
1. 钢框应根据门窗洞口的实际大小来制作。钢框的截面尺寸:槽钢不应小于[8,不等边角钢宜不小于L63×40×6,等边角钢宜不小于L63×6。
2. 装配时边框横钢的背面或角钢的长边应与周边砖柱、砖墙以及顶部的卧檩可靠拉结。
3. 钢框直接安装于前檐木卧檩下方时,应在钢框两上角和斜撑点处焊接150mm长的L50×5角钢,角钢另一肢可钻三孔用木钉与卧檩连接。
   有操作空间时,宜采用φ10或φ12的螺栓连接。
4. 钢框与砖柱或砖墙宜通过M10化学锚栓可靠拉结,每侧不应少于3根。

| 图名 | 门窗洞口加钢框加固形式示意图 | 页次 | 61 |

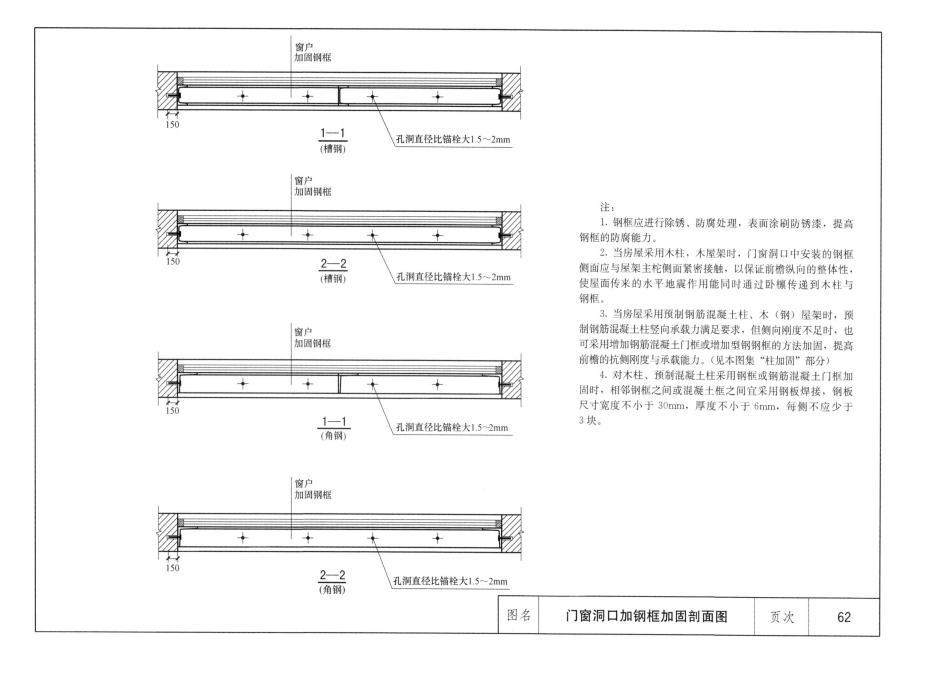

窗户
加固钢框

$\frac{1—1}{(\text{槽钢})}$

孔洞直径比锚栓大1.5～2mm

150

窗户
加固钢框

$\frac{2—2}{(\text{槽钢})}$

孔洞直径比锚栓大1.5～2mm

150

窗户
加固钢框

$\frac{1—1}{(\text{角钢})}$

孔洞直径比锚栓大1.5～2mm

150

窗户
加固钢框

$\frac{2—2}{(\text{角钢})}$

孔洞直径比锚栓大1.5～2mm

150

注：

1. 钢框应进行除锈、防腐处理，表面涂刷防锈漆，提高钢框的防腐能力。

2. 当房屋采用木柱，木屋架时，门窗洞口中安装的钢框侧面应与屋架主柁侧面紧密接触，以保证前檐纵向的整体性，使屋面传来的水平地震作用能同时通过卧檩传递到木柱与钢框。

3. 当房屋采用预制钢筋混凝土柱、木（钢）屋架时，预制钢筋混凝土柱竖向承载力满足要求，但侧向刚度不足时，也可采用增加钢筋混凝土门框或增加型钢钢框的方法加固，提高前檐的抗侧刚度与承载能力。（见本图集"柱加固"部分）

4. 对木柱、预制混凝土柱采用钢框或钢筋混凝土门框加固时，相邻钢框之间或混凝土框之间宜采用钢板焊接，钢板尺寸宽度不小于30mm，厚度不小于6mm，每侧不应少于3块。

| 图名 | 门窗洞口加钢框加固剖面图 | 页次 | 62 |

六、基础加固

基础加固说明

1. 当地基基础保持稳定、无明显不均匀沉降时，不需进行地基基础加固。当出现如下情况时，应对基础进行加固处理或将农宅拆除后重建。

1.1 基础腐蚀、酥碎、折断，导致结构严重倾斜、位移、裂缝、扭曲等。

1.2 基础已有滑动，水平位移持续增加并在短期内无终止趋势。

1.3 主要承重基础已产生危及结构安全的贯通裂缝。

基础加固需根据现场实际情况，通过经济、安全评价后因地制宜采取合理的加固方法，可采用压密灌浆或截面增大法加固基础。

2. 当采用压密灌浆法加固地基或截面增大法加固基础时，应由具有专业资质的设计单位专门进行设计，由有专业资质的施工单位施工，并专门组织验收。